缝洞型碳酸盐岩储层测井刻画与评价新方法

刘国强　肖承文　武宏亮　等著

石 油 工 业 出 版 社

内 容 提 要

本书简要介绍中国缝洞型碳酸盐岩的地质特征、测井评价中的疑难问题和测井评价重点等，论述了岩性识别、礁滩类和岩溶风化壳类测井特征与微相识别方法，着重阐述缝洞型储层精细刻画方法，包括以电成像和阵列声波测井为主的缝洞型储层精细刻画与孔渗饱定量计算方法、井眼和井旁储层的测井有效性识别方法与技术，以及储层类别划分方法与下限值确定，同时主要介绍不同储层类别的流体识别和产能级别预测测井方法与图版、井震结合的缝洞型储层描述方法。最后根据上述方法给出相应应用及其地质效果。

本书适合石油勘探开发工作者、大专院校相关专业师生参考使用。

图书在版编目（CIP）数据

缝洞型碳酸盐岩储层测井刻画与评价新方法／刘国强等著 . — 北京：石油工业出版社，2019.9
ISBN 978-7-5183-3435-3

Ⅰ. ① 缝… Ⅱ. ① 刘… Ⅲ. ①碳酸盐岩油气藏-储集层-油气测井-测井分析 Ⅳ. ①TE344

中国版本图书馆 CIP 数据核字（2019）第 105780 号

出版发行：石油工业出版社
（北京安定门外安华里 2 区 1 号　100011）
网　　址：www.petropub.com
编辑部：(010) 64523736
图书营销中心：(010) 64523633
经　　销：全国新华书店
印　　刷：北京中石油彩色印刷有限责任公司

2019 年 9 月第 1 版　2019 年 9 月第 1 次印刷
787×1092 毫米　开本：1/16　印张：13.75
字数：336 千字

定价：130.00 元
（如发现印装质量问题，我社图书营销中心负责调换）

前　　言

　　碳酸盐岩油气藏一直是世界油气勘探开发中最重要的领域之一，全球最大的 20 个油气藏中，碳酸盐岩油气藏占了 11 个，其油气储量约占全世界油气总储量的 50%，油气产量达全世界油气总产量的 60% 以上。近些年来，我国碳酸盐岩油气勘探不断获得重大突破，相继发现并有效开发了一批对增储上产具有里程碑意义的油气藏，如塔里木盆地塔中与塔河、四川盆地磨溪—高石梯以及鄂尔多斯盆地靖边等，碳酸盐岩油气藏已经成为我国油气增储上产最主要的一个领域。

　　由于我国探明的碳酸盐岩油气藏，其储层基本上为低孔隙度缝洞双重孔隙结构型，非均质性与各向异性均较为强烈；油气水分布复杂；岩性和矿物组分类型多样，往往灰质、云质、砂质和沥青质共存；埋藏深度大且普遍高温高压，取全取准测井资料难度大。这些难点给测井采集和评价带来了一系列技术挑战，测井评价难度大，提高解释符合率不易，需针对具体的地质特点和油气藏特征，创建适用的测井解释方法和评价模型，较好地满足油气勘探及时发现与开发成效提升对测井技术的需求。

　　为此，从 2010 年以来，中国石油勘探与生产分公司组织塔里木油田、西南油气田、长庆油田、华北油田、勘探开发研究院和中国石油集团测井有限公司等单位组成攻关团队，持续开展技术攻关，着力解决缝洞型碳酸盐岩油气藏测井评价的关键瓶颈难题。攻关过程中，以系统配套的岩石物理实验研究为基础，以孔洞缝储层精细刻画与分类为核心，以流体识别与产能级别预测为重点，深入处理电成像、核磁共振、阵列声波和远探测声波等测井资料并挖掘其内蕴的丰富地球物理信息，攻关研究取得了一批技术上有创新、生产上应用效果好的成果，主要包括：

　　（1）电成像测井的岩性岩相识别技术。系统界定了不同类型测井相的电成像图像特征并建立了相应的图版库，提出了基于电成像测井的岩性岩相识别方法以及基于测井相的有利储层判识技术。

　　（2）孔洞缝精细刻画方法与技术。以电成像测井量化描述井壁 5cm 附近裂缝与溶蚀孔洞的宏观分布特征并评价储层非均质性，以核磁共振测井结合阵列声波测井精细刻画井周 1m 左右储层微观孔隙结构特征并评价储层有效性，以远探测声波测井识别井旁 30m 以内的缝洞型储层，建立了微观与宏观、井周与井旁相结合的缝洞型储层精细描述技术。

（3）流体识别技术。优选应用了基于电成像视地层水电阻率谱、二维核磁共振和阵列声波弹性参数的流体识别方法，界定了其适用性，建立了识别图版与识别标准，较好地解决了缝洞型碳酸盐岩储层流体识别的难题。

（4）岩电参数变化特征。基于系统的缝洞型碳酸盐岩储层岩电实验研究，明确了不同类型碳酸盐岩储层（包括含沥青质储层）的岩电参数变化规律，建立了可表征储层孔隙结构特征的岩电参数确定方法。

（5）产能级别预测方法。在储层精细描述及其量化表征的基础上，提出了 CT70 孔隙度法、电成像孔隙度谱法和储层品质指数法等产能级别预测模型，较好地突破了缝洞型碳酸盐岩储层产能预测的瓶颈。

上述技术方法已经在我国主要缝洞型碳酸盐岩探区进行了规模化推广应用，取得了显著的应用效果。

本书是在刘国强教授统一组织下完成编写，前后历时两年余，四易其稿。提纲和前言由刘国强编写，第一章由刘国强、王贵文编写，第二章由刘国强、武宏亮、吴兴能、赵太平编写，第三章由肖承文、石玉江、谢冰编写，第四章由赖强、伍丽红、张承森和赵太平编写，第五章由刘国强、王克文、谢冰、吴剑锋编写，第六章由武宏亮、谢冰、赵太平编写，第七章由肖承文、张承森编写，第八章由肖承文、石玉江、赖强、吴剑锋、伍丽红、张承森、吴兴能、赵太平编写，全书由刘国强统稿。在本书编写过程中，得到了塔里木、西南、长庆和华北等油气田公司和中国石油勘探开发研究院有关技术人员的大力支持，在此，谨向给予帮助与支持的所有人员致以衷心的感谢！

本书所述内容既有较强的理论方法，又兼顾生产实践的适用性，是较为系统的缝洞型碳酸盐岩储层测井评价专著，对于火山岩油气藏和变质岩油气藏的测井评价亦具较好的借鉴作用。本书适合于测井、地质和油气藏等专业人员以及高校师生阅读参考。限于笔者水平，书中存在的错误与不足，恳请读者指正！

目　　录

第一章　碳酸盐岩储层类型及测井技术进展

本章重点介绍碳酸盐岩储层类型及其基本特征，在此基础上，围绕储层测井评价的技术难点，从岩性岩相识别、缝洞型储层参数定量计算、流体类型识别及储层有效性评价等方面剖析国内外测井评价进展。

第一节　碳酸盐岩储层类型及其基本特征

不同类型碳酸盐岩储层测井响应特征差异性较大，测井评价侧重点也不一样，在进行测井识别与评价之前必须首先了解其储层类型及其基本特征。

一、碳酸盐岩储层类型

根据储层的沉积环境和构造作用，我国碳酸盐岩储层大致可以划分为三大类：礁滩型储层、岩溶型储层和潜山型储层。

1. 礁滩型储层

生物礁、滩是一种在生物作用下形成的特殊碳酸盐构造，极易形成有效圈闭而成藏（Riding，2002；范嘉松，1985）。全世界油气总储量的50%、总产量的60%位于礁、滩及相关碳酸盐岩储层中（卫平生，2006；温志峰，2005）。

礁滩储层是我国海相碳酸盐岩油气勘探的重要目标，近年来我国在塔里木油田塔中和塔北，四川盆地二叠系和三叠系，柴西、鄂西以及珠江口盆地等地区发现了一系列礁滩储层，其储集特征和油气显示都很好。

礁滩储层可以进一步划分为礁丘亚相、灰泥丘亚相、粒屑滩亚相和滩间海亚相（陈景山，1999；赵澄林，2001；王振宇，2007），各亚相在测井资料上的响应有着明显的不同。

2. 岩溶型储层

岩溶型储层是经过地表水或地下水溶蚀岩石形成大小各异的孔、洞、缝而成为有效的储层。根据岩溶作用的部位可以分为沉积岩溶、暴露岩溶、深部岩溶三大类，图1-1-1是岩溶类型综合示意图（Choquette、James，1988）。

在我国，暴露岩溶又叫风化壳岩溶。鄂尔多斯盆地奥陶系顶部分布着大面积的暴露岩溶储层，它是碳酸盐岩遭受长期风化、剥蚀和淋滤的结果，是重要的油气储集类型。鄂尔多斯盆地中部的靖边气田马家沟组属于典型的暴露岩溶储层。

目前，国内的学者把深部岩溶称为层间岩溶，主要是在埋藏期岩石受地下水的不断溶蚀、冲刷作用，形成大的洞穴、溶蚀孔等。塔里木油田哈拉哈塘地区奥陶系发育典型的深部岩溶储层。

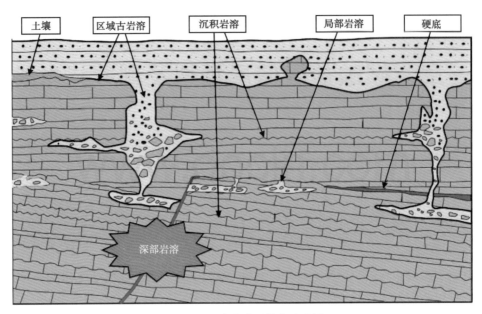

图 1-1-1　岩溶类型综合示意图

3. 潜山型储层

潜山型储层也是油气重要的富集类型，碳酸盐岩潜山包含着两重意思：一是山头由碳酸盐岩组成；二是现今已经埋藏于新地层之下，成为潜伏于地下的山头。该类储层一般必须具备三个基本的地质条件：一是碳酸盐岩顶面必须经过风化剥蚀，具有风化侵蚀面；二是风化顶面的局部高部位是古地貌的高点，是沉积盆地碳酸盐岩基底的凸起；三是碳酸盐岩被新的沉积物覆盖。在我国，塔里木油田轮南地区奥陶系、华北油田等是典型的碳酸盐岩潜山型储层。

二、碳酸盐岩储层岩性特征

利用测井资料计算孔隙度等参数时，不同的岩性有着不同的骨架值，因此，岩性的分类与测井识别就显得格外重要。碳酸盐岩储层从岩性上可主要分为白云岩、石灰岩以及两者的过渡岩类 3 种。

按照岩石结构及成因，石灰岩的具体岩性有：（1）亮晶粒屑灰岩（包括亮晶砂砾屑灰岩、亮晶生屑灰岩等）；（2）泥—亮晶粒屑灰岩（包括泥—亮晶砂屑灰岩、泥—亮晶生屑砂屑灰岩等）；（3）泥晶粒屑灰岩（包括泥晶生屑灰岩、泥晶核形石灰岩、泥晶球粒灰岩等）；（4）藻粘结粒屑灰岩（包括藻粘结生屑灰岩、藻粘结砂屑生屑灰岩等）；（5）藻纹层灰岩；（6）藻粘结岩（包括隐藻粘结泥晶灰岩及藻凝块岩）；（7）生物礁灰岩（包括层孔虫—海绵骨架礁灰岩和珊瑚骨架礁灰岩等）。图 1-1-2 是塔里木油田塔中 82 井区礁滩体石灰岩储层岩石类型厚度分布直方图。

白云岩的具体岩性有与潮坪旋回相关的白云岩、渗透回流白云岩、海水混和水白云岩、埋藏白云岩。

我国的碳酸盐岩储层各种岩性均有发育。如塔里木盆地奥陶系、四川盆地的二叠—三叠系主要发育石灰岩或者白云质灰岩；塔里木盆地寒武系、鄂尔多斯盆地奥陶系马家沟组主要发育白云岩储层；华北油田石灰岩和白云岩储层均有发育。

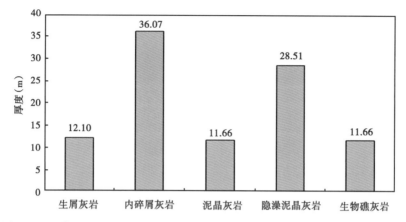

图 1-1-2　塔里木油田塔中 82 井区礁滩体石灰岩储层岩石类型厚度分布直方图

三、碳酸盐岩储层孔隙结构特征

孔隙结构指岩石所具有的孔隙和喉道的几何形状、大小、分布及其相互连通关系。与碎屑岩储层相比，碳酸盐岩储层孔隙形态更为复杂多样，受到的影响因素众多，次生胶结作用、溶解作用及裂缝改造作用对储层孔隙、裂缝发育程度和有效性都起着重要作用，并控制着碳酸盐岩储层储集性能和生产能力。

我国碳酸盐岩储层以低孔、低渗为主，储集空间类型多种多样，按照形态和成因可分为孔隙、洞穴、裂缝三大类。

1. 储集空间特征

1）孔隙

孔隙是碳酸盐岩储层储集空间的重要组成部分，根据孔隙成因及其大小，大致分为以下几种类型：

（1）粒间孔：多存在于粒屑灰岩，特征与砂岩相似，不同之处是易受成岩后生作用的改变，常具有较高的孔隙度。在较大的生物壳体、碎片或其他颗粒遮蔽之下形成遮蔽孔隙。颗粒间未胶结的原生孔隙，呈不规则楔形，常分布在颗粒云岩及鲕粒灰岩中，连通性较好，可形成工业油气产层。

（2）晶间孔：碳酸盐晶体之间形成的孔隙，主要是重结晶作用所形成，因而孔隙往往比较规则。如鄂尔多斯盆地奥陶系中组合储集空间类型主要为白云石晶间孔，由于储层岩石中的白云石晶体通常具有较好的自形度，多由半自形—自形白云石晶粒构成，晶粒支架构成的晶间孔多为多面体或三角形几何形态，孔壁平直光滑，孔径大小一般为 $10 \sim 50 \mu m$，面孔率约为 $1\% \sim 5\%$，少数可达 10% 以上（图 1-1-3 为典型白云岩晶间孔特征图）。

（3）粒内孔：颗粒内部的孔隙，是沉积前颗粒在生长过程中形成的，主要有生物体腔孔隙和鲕内孔隙两种。生物体腔孔隙为生物体内未被灰泥充填或部分充填而保留下来的空间，多存在于生物灰岩，孔隙度很高，但必须与粒间或其他孔隙连通才有效；鲕内孔隙为原始鲕的核心为气泡而形成。

（4）生物骨架孔隙：由于生物造礁活动而形成的骨架空间。这种空间在没有或局部充

苏203井，马五段，3932m（岩屑），粗粉晶　　　　定探1井，马四段，3929.97m，细晶云岩，
云岩，发育晶间孔　　　　　　　　　　　　　　　　发育晶间孔

图 1-1-3　白云岩晶间孔特征图

填的情况下，往往形成大量孔隙。

（5）角砾孔隙：由断裂作用形成角砾状破裂而造成孔隙。其成因不一，所形成的角砾孔隙形状和大小均各不相同，差异很大。

（6）粒内溶孔或溶模孔：由于选择性溶解作用而部分被溶解掉所形成的孔隙，称为粒内溶孔，整个颗粒被溶掉而保留原颗粒形态的孔隙称为溶模孔。

粒内溶孔是鲕滩储层主要孔隙空间，由鲕粒内选择性溶蚀而成，鲕粒原生结构已被破坏，多以负鲕或残余鲕形式出现，连通性好，可形成工业油气产层。图 1-1-4 是典型粒内溶孔薄片图像。

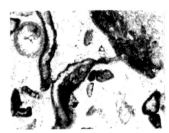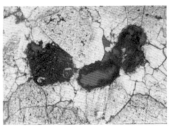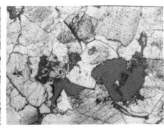

图 1-1-4　粒内溶孔特征图

（7）粒间溶孔：胶结物或杂基被溶解而形成，主要出现在亮晶颗粒灰岩、鲕粒、砂屑云岩的颗粒中，是铸体薄片中出现频率最高的一种储集空间类型，孔径大小一般为 0.1~1.5mm，连通性好，可形成工业油气产层。图 1-1-5 是典型粒间溶孔特征图。粒间溶孔是礁滩型储层主要孔隙空间类型，如在四川盆地龙岗地区寒武系龙王庙组、灯影组及塔里木盆地塔中地区广泛分布。

（8）晶间溶孔：在晶间孔的基础上经过淡水溶蚀扩大或碳酸盐等矿物发生选择性溶解所致。在显微镜下，常见白云石晶体被溶蚀成港湾状，孔隙形态呈不规则状，孔径大小一般为 30~200μm，分布不均，且大小悬殊。图 1-1-6 是典型的晶间溶孔特征图。晶间溶孔发育程度取决于岩石结构及其被溶蚀的强度，通常细晶白云岩较泥晶和粗晶白云岩的晶间溶孔更为发育。

图 1-1-5　粒间溶孔特征图

（9）岩溶溶孔：由前面提到的各溶蚀现象进一步扩大或与不整合面淋滤溶解有关的岩溶带所形成的较大或大规模溶蚀孔洞。孔径小于 5mm 为溶孔；孔径大于 5mm 则为溶洞。图 1-1-7 是典型的溶蚀孔洞特征图。溶孔在碳酸盐岩储层中分布极为广泛，而其比裂缝具有更强的非均质性，使得常规测井评价洞穴型储层非常困难。

图 1-1-6　晶间溶孔特征图　　　　　　　　图 1-1-7　溶蚀孔洞特征图

2）洞穴

溶蚀孔、缝继续溶蚀扩大，孔径大于 5mm 则为溶洞。根据溶蚀方向可分为孔隙型溶洞和裂缝型溶洞。孔隙型溶洞是溶蚀的孔隙继续溶蚀扩大而成，由于溶洞之间无明显的孔隙空间沟通，因而连通较差。裂缝型溶洞是沿裂缝局部溶蚀扩大形成的，呈串珠状分布，连通性较好。图 1-1-8 是典型的大型溶洞特征图。

3）裂缝

裂缝是碳酸盐岩重要储集空间，也是主要的渗流通道之一，通过裂缝可沟通孔、洞、缝形成渗流网络系统，对油气运移和产能都有重要意义。裂缝从成因来分，主要有 3 种类型：构造缝、溶蚀缝和成岩缝。

构造缝与区域构造活动及断裂活动有关。以塔里木盆地奥陶系为例，研究表明该区构造缝主要有三期：第一期形成于加里东晚期，缝细而平直，宽 0.2~2mm，为细粉晶方解石充填，其中还常见沥青；该缝往往角度较大，可见其切割层间岩溶孔洞中充填的渗流粉屑。第

图 1-1-8　四川盆地龙王庙组溶蚀孔洞特征图

二期形成于海西期，以近直立的张裂缝为特征，缝宽且延伸长，岩心可见其宽达 1~3cm，延伸长达 1m，其缝壁不平整，具溶蚀现象，有的可扩溶成溶缝和溶洞，其中为中粗晶方解石、萤石、石膏、沥青或原油充填，该期缝常切割第一期缝。第三期形成于印支—喜马拉雅期，呈斜交状、低角度—水平状以及网状，宽 0.2~5mm，扩溶现象较明显，常见沿缝分布有小型溶洞，缝内充填物少，见少量马牙状方解石和原油。

溶蚀缝主要与古岩溶作用有关，一般近于直立，宽度较大，可达 0.2~5mm。成岩缝主要为缝合线，是压溶作用的产物。缝合线形成于埋藏早中期，在泥晶灰岩、含泥质条带或条纹的泥晶灰岩以及生屑灰岩中最发育，通常沿缝合线还可发生白云石化及扩溶现象。

裂缝是碳酸盐岩储层最基本的地质特征，对储层的储集性能影响极大，既是碳酸盐岩储层的渗滤通道，同时也是裂缝性储层的储集空间，同时还控制着溶孔、溶洞的发育，影响着地层中原状流体的分布状况和钻井液或钻井液滤液侵入的特征。图 1-1-9 是显微镜下薄片典型微裂缝及岩心网状裂缝。

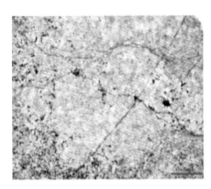

图 1-1-9　典型微裂缝及岩心网状裂缝特征

2. 储层类型特征

由于储集空间类型的多样性，孔隙、洞穴、裂缝的发育情况及其在空间组合关系上的不同，构成了不同的储层类型。根据储层孔隙、裂缝发育情况及其在储集和渗滤中所起的作用，碳酸盐岩储层可以划分为孔隙型储层、孔洞型储层、裂缝型储层及复合型储层。

1）孔隙型储层

孔隙型储层岩性以鲕粒灰岩、碎屑灰岩、生屑灰岩及白云岩为主，储集空间为原生和次生的粒间、粒内、晶间孔隙，不发育或少量发育微裂缝，微裂缝可作为渗滤通道改善储层性能。

我国孔隙型碳酸盐岩储层以鄂尔多斯盆地奥陶系中下组合细粉晶白云岩储层为典型，其主要储集空间为晶间孔和晶间溶孔，孔径分布在 $5 \sim 50 \mu m$，物性较好，孔隙度一般为 $5.0\% \sim 8.0\%$，渗透率为 $0.5 \sim 1.0mD$。

2）孔洞型储层

孔洞型储层一般是在原生孔隙发育带经过溶蚀改造形成，以孔隙、洞穴为主要储集空间，裂缝欠发育，溶蚀孔洞连接形成洞穴系统，具有较好的储集性能。孔洞型储层主要分布于不整合面及大断裂带附近，特别是古风化壳、古岩溶带部位。

孔洞型储层是塔里木盆地较多的一种储层类型，从奥陶系岩心物性分析可知，基质孔隙度多在2%以下，但溶蚀孔洞发育段孔隙度可达 $4\% \sim 6\%$，局部甚至高达10%以上，成为油气聚集的重要部位。此外，四川盆地寒武系灯影组、龙王庙组储层溶蚀孔洞也占有极为重要的位置，在部分储层段，孔洞、洞穴成为其主要的储集空间。

3）裂缝型储层

裂缝型储层也是碳酸盐岩中普遍发育的一类储层，该类储层是以裂缝为其主要储集空间和连通渠道，通常岩石基质物性较差，原生孔隙和次生孔洞均不发育。但当裂缝厚度、裂缝孔隙度达到一定数值，尤其纵横交错构成的裂缝网，也可获得高产。

4）复合型储层

复合型储层不但孔洞发育，而且裂缝也发育。孔洞是其主要的储集空间，裂缝既作为储集空间，但更为重要的是作为连通渠道。相比孔洞型及裂缝型储层，次生溶蚀孔洞和裂缝的存在大大提高了地层的储集能力，改善了地层的渗流能力，有利于形成储量大、产量高的大型油气田。

四、碳酸盐岩油气藏特征

碳酸盐岩油气藏除具有范围广、规模大、数量多、埋藏深度大、储层厚度大、孔隙度低、非均质性强等特点外，还具有含气饱和度高、气藏压力系数低、中—高储量丰度、干气藏与凝析气藏均发育等特点。多源多期油气充注、混合成藏是碳酸盐岩油气田的共同特征。四川盆地海相碳酸盐岩从震旦系到中三叠统发育17个含气层系，集中分布在震旦系灯影组、寒武系龙王庙组、石炭系黄龙组、上二叠统长兴组及下三叠统飞仙关组等多个层系。

碳酸盐岩油藏往往并非是一个整体连片油藏，而是由不同规模缝洞体或溶蚀孔洞体组成的空间叠合油藏。例如磨溪—高石梯的龙王庙组和洗象池组储层，发育情况主要受沉积相和风化溶蚀控制；洗象池组白云岩储层以滩相白云岩为主，受风化溶蚀改造形成裂缝—孔洞型储层；龙王庙组储层受沉积相控制，以潟湖边缘粒屑滩相白云岩为主，为层状孔隙型储层。

碳酸盐岩油藏一般具有强烈的非均质性。在垂向上不论是岩溶作用强度及其发育规模或者是裂缝组系的发育密度、展布方向以及产油层位上，在相邻的钻井剖面上均显示出分布的随机性和较差可比性。从宏观上看储层具有似层状分布特征，但这种层状与砂岩油藏有着本质的区别。鄂尔多斯盆地马家沟组上部为风化壳型储层，由于风化淋滤的作用，储层的溶蚀孔洞发育，孔隙类型以溶孔—晶间孔为主；中组合储层很少受到风化淋滤的作用，没有风化壳储层的渗流带和潜流带特征，缺少类似风化壳储层的大型溶蚀孔洞，孔隙类型以晶间孔为主，有利储层发育受沉积相控制，并且多井差异明显，单井和平面展布均表现出较强的随机性及非均质性。

就油水关系而言，碳酸盐岩缝洞型油藏油水关系复杂，不具有统一的油水系统，不同的缝洞单元有自己的油水系统（或界面）以及水体的性质、能量，水体的性质是封存于储集单元内的罐状水体或蜂窝状水体，分布局限且能量不大。不同部位、不同区块的钻井储层渗流介质类型差异较大。油藏的渗流特征与不同储集空间类型及其组合方式密切相关，多表现出均质型及双孔介质型的渗流特征。储层基质岩块基本不具储渗能力，决定储层渗流性能的是裂缝和大型溶蚀孔洞。裂缝系统的特性是影响碳酸盐岩油藏开发效果的主要因素。

从油气成藏上分析，中国三大海相碳酸盐岩油气田——四川盆地、鄂尔多斯盆地及塔里木盆地均是以克拉通背景下发育的继承性大型古隆起奠定了成藏基础。充足的优质烃源岩、断裂及侵蚀沟槽形成的高效输导体系、次生溶蚀作用形成的大范围储集空间、膏盐岩及泥质岩作为有效封堵及遮挡要素，这些有利条件造就了碳酸盐岩油气的规模成藏。例如哈拉哈塘区块的油气主要来自寒武系—下奥陶统和中—上奥陶统两套烃源岩，寒武系—下奥陶统烃源岩现今成熟度高（高—过成熟），而中—上奥陶统烃源岩是一套高有机质产率的台缘斜坡灰泥丘有机相，受有机相控制，属良好油源岩。储层地质特征总体表现为岩性单一、稳定，而孔隙空间结构及组成则极为复杂。盖层主要有两套，一套是盖在角砾岩段和东河砂岩段之上的石炭系卡拉沙依组（中泥岩段），岩性以泥岩为主夹石灰岩、灰质泥岩、粉砂质泥岩、钙质粉砂岩，厚度约为200m，为一套优质盖层；另一套为覆盖在奥陶系石灰岩之上的由志留系柯坪塔格组泥岩和奥陶系达西库木组泥岩组成的复合盖层，厚度大于100m，盖层条件可靠。古生界之间的角度不整合面及大套区域性分布的储层是油气横向运移的良好通道。哈拉哈塘地区具有良好的油源条件、储盖组合、运移及配套条件。

第二节　碳酸盐岩测井评价国内外进展

"十一五"以来，依托成像测井新技术系列，国内外在碳酸盐岩油气藏测井评价方面已经积累了丰富的成果与经验，但针对裂缝、缝洞型碳酸盐岩储层的测井评价还存在着很多问题，主要表现在单项储层测井评价技术虽然比较多，但是缺乏系统性；岩石物理实验与测井参数计算之间的公式适用性较差，也没有研究出具有普适性的有形化软件系统；新技术和常规测井的结合比较欠缺，评价新方法研究有待进一步加强。

不可否认，国外对于碳酸盐岩储层测井解释评价的研究起步较早，始于20世纪50年代，随着测井仪器装备的不断发展和更新，积累了大量的成功经验和技术。尤其是在测井资料的采集和测井新技术、新仪器的研发方面目前远领先于国内。但国外碳酸盐岩储层相对单一，大部分以孔隙型储层为主，储层孔渗较高，储层参数定量评价相对简单，因此其技术方法在国内非均质复杂碳酸盐岩储层中的应用严重受限。与国外均质碳酸盐岩储层不同，在我国控制碳酸盐岩油气储产量90%以上的是非均质性极强的礁滩、岩溶风化壳和低孔致密灰岩、白云岩等复杂岩性储层。多数情况下该类储层只有1%~5%的孔隙度和0.1~10mD的渗透率，因此，如何开展岩性岩相识别、储层类型识别与储层参数精确定量计算、储层有效性识别与评价等一系列测井评价技术瓶颈是制约油气勘探和开发的重大技术难题。

一、岩性岩相识别评价现状

不同岩性储层不仅孔隙结构、孔隙类型有较大的差异，而且测井骨架值存在明显差异，因此岩性的准确识别对测井解释模型的选取、储层参数的定量计算、流体类型的识别和储层有效性评价等都有重要意义。

1. 交会图识别岩性

碳酸盐岩地层中，利用中子密度或者中子声波时差交会图识别岩性具有较高的可靠性。其原理是利用碳酸盐岩地层常见的石灰岩、白云岩和石膏的岩性具有不同的岩石物理骨架值，在交会图图版上作不同岩性和物性的骨架线，通过观察数据落点位置就可以判断岩性，还可以计算出不同岩性的百分含量。

2. 元素俘获能谱测井识别岩性

由于每种岩性都有非常固定的岩石矿物成分，而不同的矿物成分都是由不同的元素所组成，元素俘获能谱测井可以测量并通过解谱计算得到地层中一些与岩性有关的元素的含量，通过建立矿物闭合模型可以计算出不同矿物的百分含量，进而识别岩性。

3. Pe 识别岩性

岩性密度测井可以得到岩石的宏观俘获截面（Pe），由于不同岩性 Pe 差异较大，对单矿物来说，根据 Pe 曲线就可以直接划分岩性，对于多矿物来说，可以利用 Pe 曲线结合中子密度利用经验图版计算各种矿物的百分含量。

4. 电成像测井识别岩性岩相

我国在 20 世纪 90 年代初引进了电成像测井技术，早期主要应用于裂缝参数拾取及沉积特征分析，近年来，成像测井资料在地质研究中的应用日益深入，并在沉积构造与沉积微相识别方面取得了突破性进展。钟广法、吴文圣等（2001）探讨了各种沉积构造在成像测井图像上的特征及利用成像测井特征识别沉积构造的方法；耿会聚、王贵文等（2002）对塔里木油田台盆区碳酸盐岩的大量成像测井资料进行了研究和分析，形成了一套较系统的利用井壁成像测井快速识别评价岩性岩相及储集空间的配套方法及成像测井的图版库；张本庭等（2003）阐述了成像测井解释特征图像库建立的意义及设计方法，针对系统需求、数据库设计及软件设计方式进行了说明；祁兴中等（2007）以塔里木盆地为例，总结了各种成像测井特征对应的沉积相和岩性，指出了有利储层发育部位的成像测井特征，在塔里木盆地轮古地区进行了应用，效果较好；柴华等（2009）利用成像测井对礁滩相储层进行了研究，开发出能自动识别沉积微相的计算机软件，实现了自动识别发育良好储层的有利微相，为快速、准确的评价碳酸盐岩储层提供了有力支持。

二、缝洞型储层参数计算现状

碳酸盐岩测井评价面临岩石成分结构复杂，非均质性强，经过强烈的次生作用，孔隙空间错综复杂等诸多挑战，为了定量计算储层物性参数，通常先进行储层类型划分，然后再根据不同类型储层特征，选用相应的计算方法。根据孔隙空间的不同，通常将碳酸盐岩储层分为孔隙型、裂缝型、孔洞型、裂缝—孔洞型（缝洞型）和洞穴型 5 种类型，测井储层评价的主要任务就是充分利用测井资料对各种孔隙类型的物性、含油性进行评价。由于渗透率计算难度较大，目前碳酸盐岩储层参数计算主要侧重于各类孔隙度和饱和度的计算。

1. 缝洞孔隙度计算

通常将孔、缝分离，求取各自的孔隙度。利用双侧向测井和成像测井资料可以求取裂缝孔隙度；利用电成像测井资料孔洞面孔率、孔洞密度、孔洞的平均半径等参数可以求取孔洞孔隙度；利用 ELAN-PLUS 程序分析有效孔隙度。

2. 裂缝—孔洞型储层饱和度评价

裂缝—孔洞型储层属于多孔介质，其导电机理十分复杂，利用测井资料准确求取这类储层饱和度一直是个难题，可以把裂缝和孔洞分离，利用电成像测井资料结合常规资料，求准各自的孔隙度和饱和度，裂缝和孔洞饱和度的体积加权就是裂缝—孔洞型储层的饱和度。

3. 裂缝储层含气饱和度计算

在裂缝储层中，往往是利用简单的裂缝模型导出裂缝储层含油（气）饱和度计算的扩展公式。如谭廷栋（1987）基于简单的裂缝模型，给出了水平裂缝、垂直裂缝和网状裂缝岩石的电阻率及电阻率指数的解析表达式；赵良孝（1994）提出了裂缝—孔隙型储层饱和度的计算方法。由于传统裂缝模型难以完全反映裂缝对岩石电性的影响，实际应用中裂缝饱和度的计算结果同密闭取心分析结果之间存在较大的差异。

三、流体类型识别现状

油气勘探开发中，储层流体性质识别是测井工作者的重要任务。由于测井信息是井壁周围地层岩性、物性及含流体性质的综合响应，因此测井流体性质识别首先必须排除岩性和物性的影响，然后在此基础上分析油气的响应。比较常用的方法有以下几种。

1. 交会图法

在碳酸盐岩储层流体类型识别中，电阻率和孔隙度的匹配关系起着关键作用，不同孔隙结构的含油气储层，电阻率差异会很大，如果只根据电阻率大小而不考虑孔隙结构的差异就会出现错误的解释结果。因此通过交会图技术评价流体类型时首先要区分储层成因类型，然后按照储层空间类型进行分类，建立相应的流体类型解释图版。

2. 视地层水电阻率法

视地层水电阻率法可分为两种：利用常规测井资料统计同一层内各测量点计算视地层水的变化规律来识别油水层，利用电阻率扫描成像统计某一深度段内井周视地层水电阻率分布特征来识别油水层。前者被称作 $P^{\frac{1}{2}}$ 法，后者被称作视地层水电阻率谱法。

1）$P^{\frac{1}{2}}$ 法

该方法是根据水层的阿尔奇公式：先计算视地层水电阻率 R_{wa}，再用 R_{wa} 的变化律来指示储层的流体性质。具体做法是对视地层水电阻率开平方，并命名为 $P^{\frac{1}{2}}$，在同一层内各测量点计算的 $P^{\frac{1}{2}}$ 应满足正态分布规律，正态分布的胖瘦反映了流体的性质变化；另外 $P^{\frac{1}{2}}$ 的累计分布绘制在一张特殊的正态概率纸上，根据频率曲线的斜率就可以对流体性质判断，即水层斜率小，油气层斜率大。

2）视地层水电阻率谱法

电阻率扫描成像测井可以测量井周范围内的电阻率变化，利用视地层水电阻率的计算公式可以得到某一固定深度段视地层水电阻率的分布特征，通过分析谱的均值和方差，可以对流体性质进行判断。通常情况下，油层具有较大的均值和方差，而水层具有较小的均值和方差。在交会图版上，根据油层和水层的分布区间，可以建立油水层识别的参数区间。

3. 孔隙度测井信息组合法

中子孔隙度测井、密度测井和声波时差测井是 3 种测量孔隙度的测井方法，对孔隙流体的性质具有不同的响应特性，特别是地层含气时，中子挖掘效应使得测量的中子孔隙度降低，而密度降低将使计算的孔隙度变大，因此通过孔隙度测井信息的组合可以判断流体的性质。

4. 核磁共振测井 TDA 法

核磁共振测井 TDA 法是根据油气水弛豫时间的差异来进行流体识别。通常油和气的横向弛豫时间 T_2 差别很大、纵向弛豫时间 T_1 很接近，盐水和油具有相近的扩散系数 D 和 T_2，T_1 差异很大，因此，可利用这一特性识别储层流体类型。

5. 地层测试测井识别方法

利用地层测试测井资料所提供的信息，可以获取地层压力，确定流体类型，计算原状地层渗透率，研究流体流动情况，形成了应用压力梯度法和光学流体分析法识别流体的方法。

在压力与深度的剖面图上，对同一压力系统、不同压力深度进行测量所得到的压力数据，在理论上呈线性关系，直线的斜率即为该压力系统的压力梯度，通过简单的换算可以得到流体的密度，根据密度的大小可以判别流体的类型。

光学流体分析分为两个部分，即透射光测量和反射光测量，通过对流线中流体的透射光谱分析，可以确定流体类型和流体的相对含量；反射光谱的分析可以指示流线中是否有气体以及气体含量的高低。

6. 偶极横波测井识别方法

当岩石的孔隙空间内充填流体时，由于流体具有黏滞性和流动性，会使在地层中的纵波能量发生衰减，并将随流体黏度的增大而增大。同时由于横波主要通过岩石骨架传播而不通过孔隙空间的流体传播，当地层含气时，横波速度变化较小，因此可以根据纵波和横波的能量衰减以及速度之间的关系来识别储层中的气层。主要的方法包括波形能量衰减和压缩系数识别法、纵横波全波形识别法、纵横波速度比识别法。

7. 气测比值法

气测录井资料是识别油气层的重要资料，是流体类型评价的重要依据，根据气测形态、重烃相对含量、气测组分比值分析可以有效评价流体类型。

四、储层有效性评价现状

有效储层指在现有经济技术条件下能够达到商业产能的储层。如何利用测井资料准确进行碳酸盐岩储层有效性识别已经成为碳酸盐岩储层解释评价的基础和关键。

通过文献调研发现，以往对有效储层的识别方法大都基于以下技术思路：首先利用成像资料定性确定储层的储集空间类型，其次依据常规资料计算的有效孔隙度来划分储集空间大小，最后基于斯通利波能量衰减等判断储层的渗透性。此外，国内外也有时直接利用 MDT 压力测量或根据阵列声波资料进行渗透率计算，从而完成对储层有效性的识别；或者利用常规测井资料从裂缝的张开度、孔洞的充填程度及孔隙结构特征等方面入手进行评价，其结果往往是一种定性的认识，没有从根本上解决制约碳酸盐岩储层有效性识别问题。如在利用阵列声波进行储层有效性评价时，主要利用流动指数的概念来进行储层有效性评价。

对于国内复杂碳酸盐岩储层评价，在实际试油过程中经常发现，井壁缝洞发育并不代表井旁缝洞发育；相反，井壁缝洞不发育也不代表井旁缝洞一定不发育。这就给有效储层的准确识别带来了极大困难，因此迫切需要开展以深探测测井仪器及其测井资料为基础的储层有效性评价研究。

第二章 岩性岩相电成像测井模式与识别

电成像测井可以同时测量 144~192 条视电阻率曲线，井眼覆盖率高，通过数据处理可获得高分辨率（纵向分辨率为 0.2in）、高质量的井眼微电阻率扫描成像测井图像，从而能够很好地反映井壁附近地层的电阻率特征。不同的岩性岩相在电成像测井图像上表现为不同的响应特征，如何准确识别和评价这些特征是碳酸盐岩储层测井评价的核心和关键。本章通过定义电成像测井相及其分类模式，系统研究了不同测井相的典型特征，统计建立了电成像测井相与岩性、岩相、沉积相及储层的对应关系，提出了电成像测井相优势相判别或预测优势储集体的思路和方法，为油气勘探开发提供依据。

第一节 电成像测井相分类与典型特征

碳酸盐岩电成像测井岩性岩相研究是以岩心观察为基础，通过岩心—电成像归位及岩心—电成像响应模式研究，建立碳酸盐岩成像测井相分类体系及识别准则，对碳酸盐岩成像测井相与岩性、岩相、储层的关系进行研究，在此基础上形成一套成熟的碳酸盐岩电成像测井相分类与解释方法。

一、分类方法

电成像测井相指地层在电成像测井上的响应特征，一般用图像的颜色（或灰度）和结构参数予以表征，即将"地层在电成像测井图像上的响应特征"定义为电成像测井相。

电成像测井相的定义和分类是电成像测井相分析的基础和关键，主要依据图像颜色和图像结构两方面特征。根据静态图像颜色，主要划分为黑棕色系和黄白色系两大类，分别定义为低阻相系和高阻相系。在此基础上还可以细分为黑色—棕色—黄色—白色系（图 2-1-1a），颜色由深到浅，代表地层的电阻率由低到高。根据颜色不均匀的情况，将颜色递变、颜色交替及呈斑状分布等分别定义为递变层状相、互层相和斑块相。此外，图像的结构反映了地层的岩性、结构和构造特征，根据电成像动态图像结构特征可划分为块状相、层状相和斑状相三大类型（图 2-1-1b），其中层状相还可以细分为平行层状相、交错层状相、递变层状相、变形层状相和互层状相等亚相。综合电成像的图像颜色和图像结构特征就可以实现对成像测井相的分类和识别。

根据上述定义，结合电成像测井资料的解释和岩性岩相图版模式，建立碳酸盐岩电成像测井相分类体系。该分类体系的制定主要考虑了以下两个基本原则：

（1）科学性。即每一种电成像测井相应有严格的定义依据；每一种成像测井相在表达上无二义性，不存在重复定义现象；分类表应涵盖所有的成像测井相类型，不存在遗漏现象。此外，每一种成像测井相都应具有明确的地质意义。

（2）实用性。分类表应力求简单明了，在实际工作中具有可操作性，易于推广应用。

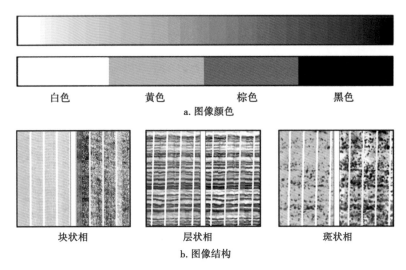

a. 图像颜色

块状相   层状相   斑状相

b. 图像结构

图 2-1-1 电成像测井相的定义依据

以成像测井图像的颜色和结构特征为识别依据，将碳酸盐岩电成像测井相划分为 3 大类 15 个小类（表 2-1-1）。

表 2-1-1 碳酸盐岩电成像测井相分类体系

成像测井相类型		成像测井相特征	
大类	小类	图像颜色	图像结构
块状相	深色低阻块状相	黑色—棕色系	块状
	浅色高阻块状相	黄色—白色系	块状
层状相	深色低阻平行厚层相	黑色—棕色系	内部纹层相互平行，且产状与地层顶底界面一致，单个纹层厚度大于10cm
	浅色高阻平行厚层相	黄色—白色系	
	深色低阻平行薄层相	黑色—棕色系	内部纹层相互平行，且产状与地层顶底界面一致，单个纹层厚度小于10cm
	浅色高阻平行薄层相	黄色—白色系	
	深色低阻交错层状相	黑色—棕色系	纹层成组出现，组间纹层产状不协调
	浅色高阻交错层状相	黄色—白色系	
	正向递变层状相	向上颜色渐深	单层厚度向上减薄
	反向递变层状相	向上颜色渐浅	单层厚度向上增大
	深色低阻变形层状相	黑色—棕色系	纹层扭曲变形
	浅色高阻变形层状相	黄色—白色系	
	互层状相	颜色深浅交互	纹层厚薄相间
斑状相	亮斑相	颜色不均匀，呈斑块状；斑块颜色较浅，背景基质颜色相对较深	
	暗斑相	颜色不均匀，呈斑块状；斑块颜色较深，背景基质颜色相对较浅	

14

在电成像测井相解释中，为了减少和避免电成像测井解释中的多解性，提高分析和识别的精度，需要充分利用其地质资料，包括岩心、常规测井，乃至地震等资料。

岩心刻度是电成像测井相分析的前提和基础。通过岩心观察并与电成像测井图像对比，可以明确各类电成像测井相所代表的岩性、沉积相及储层地质意义，从而为电成像测井相外推解释、井间电成像测井相对比及横向预测提供依据。岩心刻度解释的主要内容包括岩心观察及储层地质特征分析、岩心—电成像测井归位、电成像测井裂缝解释、电成像测井溶洞解释、电成像测井相解释以及成像测井相与岩相的关系研究等内容。

常规测井资料在储层分析方面具有重要作用。利用常规测井解释的岩性及储层类型资料，开展各类储层电成像测井相响应特征分析，建立各类储层的电成像测井相响应模版，可以有效地减少电成像测井相解释与预测中的多解性。建立常规测井—电成像测井储层类型响应模版、研究电成像测井相与储层类型的关系，是常规测井约束解释的主要内容。

二、电成像测井相典型图版

总结和梳理不同电成像测井相在图像上的典型特征对于正确认识和识别电成像测井相具有重要意义。本书以岩心刻度为基础，通过实际岩心观察并与电成像测井图像进行对比分析，综合常规测井、录井等其他资料，在电成像测井相定义和分类的基础上，明确了不同测井相与电成像测井图像特征的对应关系，制作了电成像测井相典型识别图版。图版分 3 大类 15 个小类阐述了电成像测井相的图像特征及地质特征，直观易用，为电成像测井相的对比及解释提供了依据。

1. 块状电成像测井相

块状电成像测井相的特点是，图像颜色较均匀，内部缺乏纹理或其他结构特征，或仅含零星的斑块、斑点及断续的线状结构。根据图像颜色，可以进一步将块状相细分为深色低阻块状相（图 2-1-2）和浅色高阻块状相（图 2-1-3）两个小类。前者静态图像颜色较深，

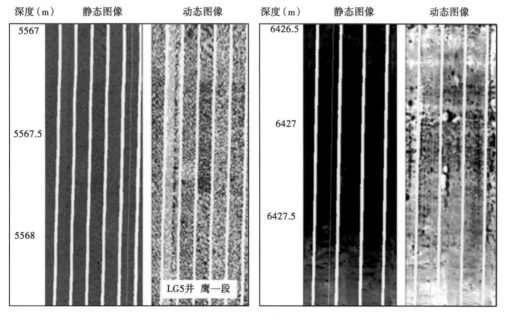

图 2-1-2　深色低阻块状相典型图版

为黑色—棕色系；后者色浅，以黄色—白色系为主。

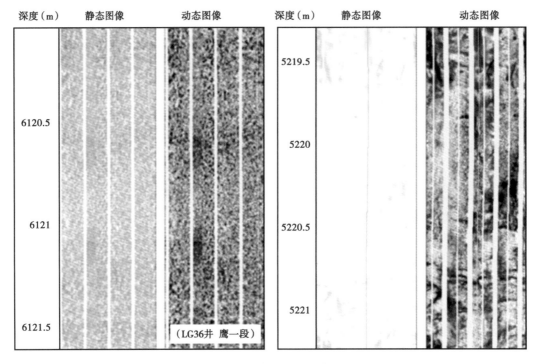

图 2-1-3   浅色高阻块状相典型图版

2. 层状电成像测井相

层状成像测井相的特点是图像颜色不均匀，内部显示纹理或层理构造，表现为颜色深浅交替或递变。根据纹层的厚度、纹理面的形态、纹理的连续性及颜色递变等特征，可以将层状成像测井相进一步细分为平行层状相、交错层状相、递变层状相、变形层状相及互层相 5 个亚类。

1）平行层状相

该相由产状相近、厚度相当且颜色相近的一组规则平坦状层组构成。根据纹层厚度和图像颜色进一步细分为深色低阻平行厚层相（图 2-1-4）、浅色高阻平行厚层相（图 2-1-5）、深色低阻平行薄层相（图 2-1-6）和浅色高阻平行薄层相（图 2-1-7）4 个小类。平行厚层相与平行薄层相的主要区别在于纹层厚度，前者纹层厚度大于 0.1m，后者纹层厚度在 0.1m 以下。

2）交错层状相

该相由倾向、倾角不同的纹层组交错构成。根据图像颜色可以进一步划分为深色低阻交错层状相（图 2-1-8）和浅色高阻交错层状相（图 2-1-9）两个小类。

3）递变层状相

该相的纹层厚度或图像颜色自下而上发生渐变，可以细分为正向递变层状相（图 2-1-10）和反向递变层状相（图 2-1-11）。正向递变层状相自下而上纹层厚度依次减小，颜色逐渐加深，解释为向上水体加深、粒度变细、厚度变薄的准层序，或正向递变层理；反向递变层理相自下而上，纹层厚度依次增大，颜色逐渐变浅，解释为向上水体变浅、粒度变粗、

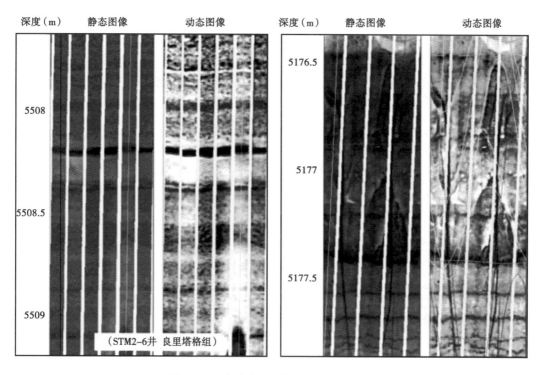

图 2-1-4 深色低阻平行厚层相典型图版

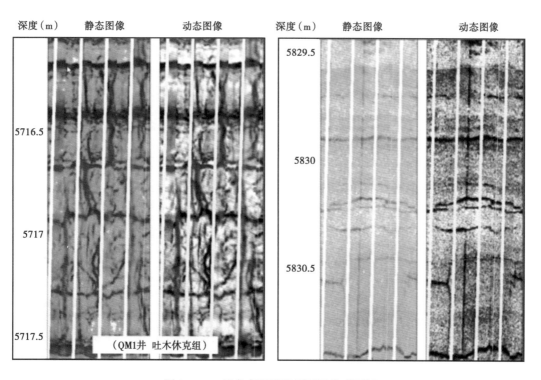

图 2-1-5 浅色高阻平行厚层相典型图版

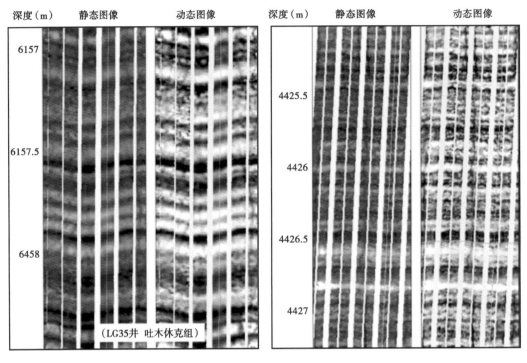

图 2-1-6 深色低阻平行薄层相典型图版

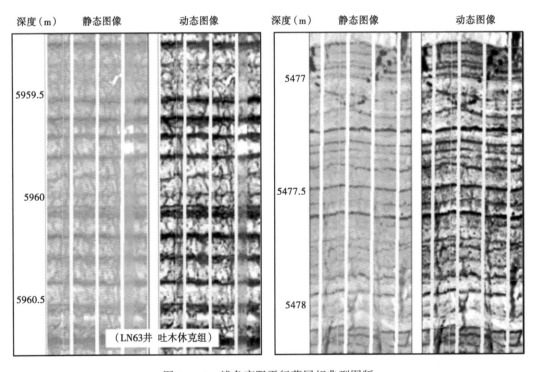

图 2-1-7 浅色高阻平行薄层相典型图版

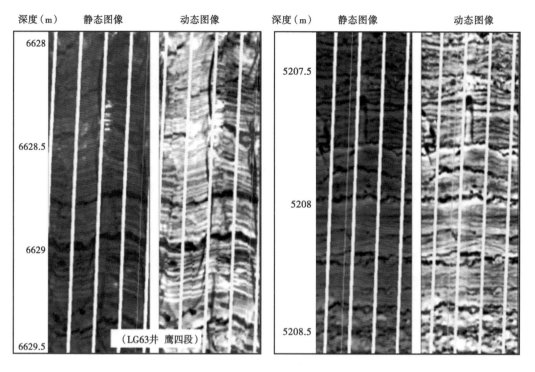

图 2-1-8　深色低阻交错层状相典型图版

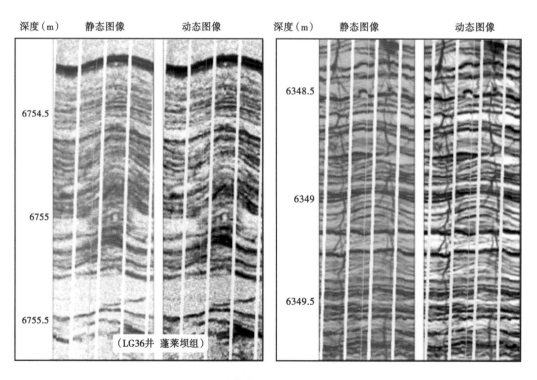

图 2-1-9　浅色高阻交错层状相典型图版

厚度增大的准层序，或反向递变层理。

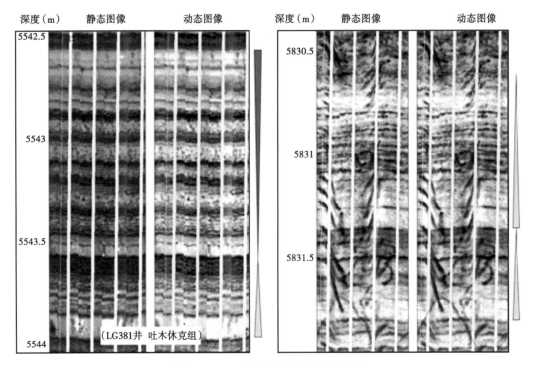

图 2-1-10　正向递变层状相典型图版

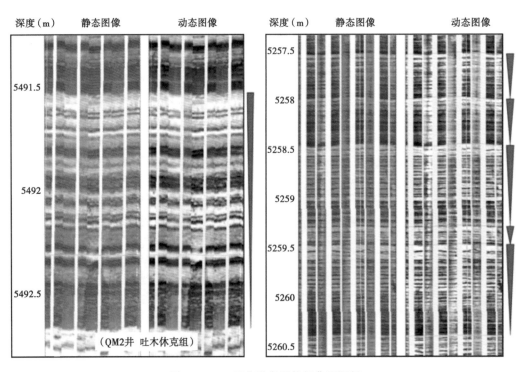

图 2-1-11　反向递变层状相典型图版

4）变形层状相

该相纹理不规则，发生扭曲变形是其突出特点。受井筒范围的限制，在成像测井图像上所能识别的变形层状相以厚度小于 0.1m 薄纹层居多。根据图像颜色进一步划分为深色低阻变形层状相（图 2-1-12）和浅色高阻变形层状相（图 2-1-13）。在碳酸盐岩地层中，变形层状相的可能成因主要有泥质条带灰岩或"瘤状"灰岩、台地边缘斜坡带准同生滑塌沉积、变形的洞穴砂泥质充填沉积、碳酸盐岩缝合线等。

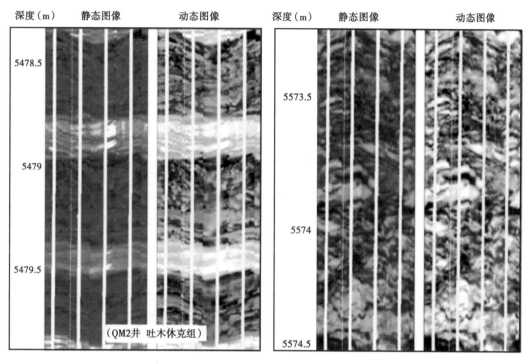

图 2-1-12　深色低阻变形层状相典型图版

5）互层相

该相与其他层状相的区别在于，纹层厚度或颜色变化较大，如既有薄层，又有厚层，且纹层厚薄相间；或既有浅色纹层，又有深色纹层，纹层颜色表现为深浅交替（图 2-1-14）。互层相与岩性或岩相的交替变化有关，如发育水平层理的泥晶灰岩与泥质灰岩或泥灰岩的互层（滩间海），也可以由丘滩边缘相与滩间海相沉积物指状交互（高能、低能相间）产生。此外，潜流带顺层溶解作用导致溶蚀层与非溶蚀层交互，在成像上也可表现为互层相。

3. 斑状电成像测井相

斑状成像测井相的特点是，图像颜色既不均匀，也没有成层特征，而是呈斑状，由具有不同颜色的斑块或斑点与背景基质两部分组成。根据斑块和基质颜色深浅变化，可以将斑状相细分为亮斑相（图 2-1-15）和暗斑相（图 2-1-16）两个小类。前者斑块色浅，基质色深；后者则相反，斑块色深，基质色浅。亮斑相主要与泥质条带灰岩或瘤状灰岩有关；充填溶洞的岩溶角砾岩也可以表现为亮斑相，其中浅色斑块为角砾。

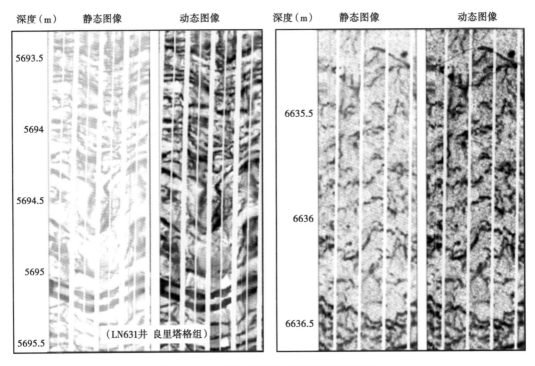

图 2-1-13　浅色高阻变形层状相典型图版

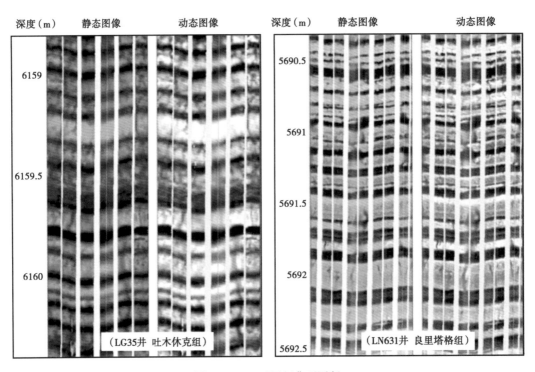

图 2-1-14　互层相典型图版

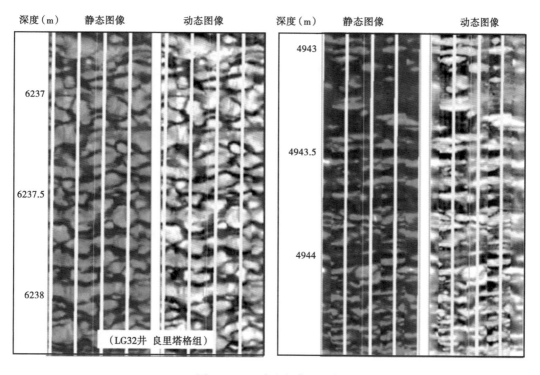

图 2-1-15 亮斑相典型图版

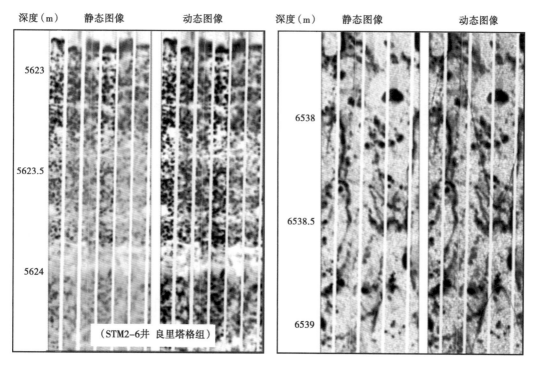

图 2-1-16 暗斑相典型图版

第二节　礁滩储层电成像测井相模式与解释

礁滩体是全球海相碳酸盐岩大油气田重要的储集体类型，也是我国海相碳酸盐岩油气勘探的重要目标。十余年来，我国碳酸盐岩油气勘探相继在塔里木盆地塔中地区奥陶系良里塔格组、四川盆地二叠系长兴组与下三叠统飞仙关组发现了礁滩体油气藏。针对塔里木盆地的礁滩灰岩和四川盆地的礁滩白云岩开展电成像测井相与岩性岩相研究有着重要的实际意义。

一、礁滩灰岩

塔里木盆地奥陶系生物礁主要分布于塔中地区、巴楚地区、轮南地区，层位主要分布在奥陶系一间房组、良里塔格组，岩性以粘结岩、障积岩、格架岩为主。

塔中坡折带发育大型礁滩复合体，存在礁丘、灰泥丘、各种粒屑滩微相，有生屑灰岩、泥晶灰岩、颗粒灰岩等。以该区块岩心资料和电成像资料为基础，通过对比分析及岩心刻度，明确了电成像测井相与岩性岩相的对应关系以及电成像测井相与沉积亚相间的关系，并对它们之间的内在规律进行了梳理和分析。

1. 电成像测井相与岩相的关系研究

通过对建立的电成像测井相图版库分析和研究表明，电成像测井相与岩相的关系非常密切，不同的电成像测井相反映了不同的岩相特征；不同的岩相之间其电成像测井响应特征也存在差异。但是，由于电成像测井相定义和分类主要依据的是电成像测井图像的特征，即图像颜色和结构信息，是一种纯粹物理意义上的相的概念，与地质相之间存在着极其复杂的关系。突出表现为，几乎每种电成像测井相在地质上都存在一定程度的多解性，同种岩相或沉积相可以表现为多种电成像测井相，反过来，不同的岩相或沉积相也可能表现为相同的电成像测井相。因此，这些多解性明显地增加了电成像测井相解释的难度，也给电成像测井相与地质相之间"一对一"式的解释造成障碍。

为了深入探讨电成像测井相与岩相之间的关系，对取心井段电成像测井相精细解释及薄片鉴定数据整理分析的基础上，对电成像测井相与岩石类型或岩相之间的关系进行定量统计研究，其结果见表2-2-1。

表2-2-1　取心井段电成像测井相与岩石类型关系统计表

电成像测井相	亮晶颗粒灰岩	泥晶颗粒灰岩	颗粒泥晶灰岩	泥晶灰岩	粘结岩	白云岩	格架岩	合计
深色低阻块状相	16	8	1	1	9	1	0	36
浅色高阻块状相	102	40	14	5	28	0	3	192
递变层状相	48	5	10	14	24	0	0	101
交错层状相	99	16	4	17	38	3	1	178
平行薄层相	54	15	5	35	19	1	0	129
平行厚层相	81	28	8	29	46	1	1	194
深色低阻交错层状相	2	1	2	0	0	0	0	5
浅色高阻交错层状相	13	0	2	4	12	0	0	31

电成像测井相	亮晶颗粒灰岩	泥晶颗粒灰岩	颗粒泥晶灰岩	泥晶灰岩	粘结岩	白云岩	格架岩	合计
正向递变层状相	2	0	0	0	5	0	0	7
反向递变层状相	8	0	1	3	1	0	0	13
互层相	43	17	4	2	10	2	0	78
变形层状相	41	30	6	12	11	3	0	103
深色低阻变形层状相	21	15	6	6	4	1	0	53
浅色高阻变形层状相	35	24	9	5	3	1	0	77
斑状相	198	113	48	16	16	2	0	394
合计	763	312	120	149	226	15	6	1591

由表 2-2-1 可见，块状相主要发育于亮晶颗粒灰岩、泥晶颗粒灰岩及粘结岩中，前两者为浅滩环境的产物，后者则形成于灰泥丘环境。平行厚层相（平行层状相和交错层状相）也以滩相颗粒灰岩为主，其次为灰泥丘粘结岩，此外在泥晶灰岩中的含量也较高。平行薄层相（递变层状相和变形层状相）首先在滩相亮晶颗粒灰岩中最发育，与高能滩相灰岩中平行层理及低角度交错层理较发育有关；其次在泥晶灰岩和粘结岩中发育，其成因可能与泥晶灰岩中发育水平层理及粘结岩中发育藻纹层构造有关。递变层状相样本数很少（如正向递变层状相仅 7 个样本），所以其结果不一定有代表性，从统计结果看，正向递变层状相全部分布于粘结岩和亮晶颗粒灰岩中；反向递变层状相主要分布于亮晶颗粒灰岩中，可能反映了滩相沉积中的浅滩化序列。变形层状相主要见于亮晶颗粒灰岩，其次见于泥晶颗粒灰岩，其中变形层的成因可能与颗粒灰岩经历过较强烈的不规则溶解及岩溶泥质充填等后期改造作用有关。互层相主要见于亮晶颗粒和泥晶颗粒灰岩。斑状相也主要分布于亮晶和泥晶颗粒灰岩中，其成因可能与颗粒灰岩易于溶解形成斑点—斑块状溶蚀孔洞有关。

综上所述，亮晶颗粒灰岩和泥晶颗粒灰岩的电成像测井相构成相似，均以暗斑相为主，其次是块状相（主要是浅色高阻块状相）和各种平行层状相（包括平行层状相、交错层状相、递变层状相和变形层状相）。多数颗粒泥晶灰岩由暗斑相构成。泥晶灰岩主要由平行薄层相组成，可能与其中水平层理发育有关。粘结岩主要由高阻块状相（浅色高阻块状相）和各种平行层状相（包括平行层状相、交错层状相、递变层状相和变形层状相）组成，前者反映了以粘结岩为主体的灰泥丘的块状结构特征，后者可能与粘结岩中较发育的藻纹层构造有关。格架岩和白云岩的样本数较少，但仍有一定的规律性，如格架岩主要由高阻块状相（浅色高阻块状相）组成，而白云岩则在高阻厚层相（交错层状相）、变形层状相及暗斑相中较发育。

2. 成像测井相与沉积相关系分析

塔中地区奥陶系碳酸盐岩主要形成于碳酸盐岩台地环境，其沉积亚相可以归纳为以下 7 类（王振宇等，2007）：（1）浅滩亚相，包括台地边缘及台地内部砂屑滩、鲕粒滩、生屑滩、核形石滩等。（2）礁丘亚相，礁丘（reef mounds）指格架礁和灰泥丘之间的过渡类型，由大量稳定性较差的格架生物建造，多数明显与易碎的、独栖枝状的、结壳的生物相关，细粒基质支撑是其重要的结构组分。奥陶纪大多数的苔藓虫礁、海绵礁属于这种类型

（Kiessling、Flugel，1999）。（3）灰泥丘亚相。（4）礁丘—粒屑滩亚相，由礁丘或灰泥丘与粒屑滩交互组成。（5）粒屑滩—礁坪亚相，由粒屑滩与礁坪交互组成。（6）滩间海亚相。（7）斜坡亚相，包括上斜坡和下斜坡。此外，个别井段还发育有格架礁亚相和台地正常沉积。

将各井沉积相划分结果数字化，总共对22口井电成像测井相解释井段内成像测井相与沉积亚相的关系进行了统计，其结果见表2-2-2。从厚度分布看，塔中地区奥陶系沉积岩相以浅滩为主，其次为滩间海和灰泥丘，其他相带分布较少，几乎所有的电成像测井相中均以上述3种相带占主导。

由表2-2-2可知，浅滩相的电成像测井相构成主要为平行层状相和暗斑相，前者可能与浅滩相中平行层理、低角度交错层理发育有关，后者可能与浅滩相易受溶解及岩溶作用的改造有关。礁丘亚相中，暗斑相的含量最高，其次是平行层状相和块状相。灰泥丘亚相的电成像测井相以深色平行层状相特别是平行薄层相（递变层状相和变形层状相）为主，可能与其中发育的藻纹层构造有关。礁丘—粒屑滩亚相主要由暗斑相构成，反映该亚相易受溶解作用改造，因而溶蚀孔洞较发育；此外，浅色高阻块状相也有相当高的含量，与礁丘沉积体的块状特征相符。粒屑滩—礁坪亚相中，平行厚层相特别是深色低阻平行厚层相（平行层状相）的丰度最高，其次为斑状相。平行薄层相是滩间海亚相的主要电成像相组分，与滩间海以泥晶灰岩为主，且发育水平层理的沉积特征相符。斜坡相带因为分布稀少，其电成像相的构成较复杂，规律性不明显。

表 2-2-2　电成像测井相与沉积亚相的厚度关系统计表　　　　单位：m

FMI/EMI 相	浅滩	礁丘	灰泥丘	礁丘—粒屑滩	粒屑滩—礁坪	滩间海	斜坡	合计
深色低阻块状相	160.07	13.57	22.23	2.55	0.00	27.24	4.36	230.01
浅色高阻块状相	271.56	19.60	84.87	32.12	0.53	72.26	20.24	501.17
平行层状相	321.42	40.14	91.00	0.00	7.21	56.46	6.49	522.72
交错层状相	640.89	32.60	166.18	0.00	1.78	146.97	28.53	1016.95
递变层状相	327.44	15.87	182.93	0.00	0.69	209.29	16.39	752.60
变形层状相	500.32	35.23	240.23	1.89	0.00	274.38	26.15	1078.20
深色低阻交错层状相	18.75	4.55	14.41	0.00	0.00	9.03	0.00	46.74
浅色高阻交错层状相	63.59	2.25	26.29	1.64	0.00	21.45	0.00	115.22
正向递变层状相	38.93	2.09	21.52	0.00	0.00	11.72	0.00	74.26
反向递变层状相	53.62	0.00	53.89	0.00	0.00	24.77	3.76	136.04
深色低阻变形层状相	232.33	14.64	36.11	1.45	0.00	59.19	6.81	350.52
浅色高阻变形层状相	274.82	5.93	94.15	5.08	0.00	70.97	8.28	459.23
互层相	61.73	5.61	8.00	1.15	0.00	62.66	14.61	153.76
亮斑相	124.35	20.82	32.01	0.00	1.13	116.71	3.91	298.94
暗斑相	499.93	62.20	112.18	72.32	0.67	180.82	26.47	954.58
合计	3589.75	275.09	1186.01	118.20	12.00	1343.90	166.00	6690.96

二、礁滩白云岩

四川盆地安岳气田位于乐山—龙女寺古隆起东侧，区内广泛发育寒武系龙王庙组优质颗粒滩相白云岩储层（图 2-2-1）。其储集岩类型丰富多样，主要包括颗粒（鲕粒、砂屑）白云岩、粪球粒白云岩、云雾—花斑状、细—中晶和泥晶白云岩 5 类，储集空间包括基质孔隙、溶蚀孔洞、溶洞及裂缝。

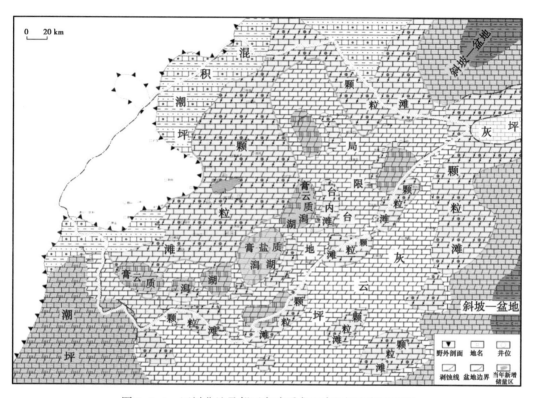

图 2-2-1　四川盆地及邻区寒武系龙王庙组沉积相平面图

1. 滩相白云岩储层测井响应特征及电成像测井模式

根据前文所建立的碳酸盐岩电成像测井相分类体系，通过岩心精细归位及标定成像测井，对取心井段岩心观察与成像测井相解释结果进行对比，建立了滩相白云岩储层典型测井相测井响应特征。

1）块状相测井响应特征及成像模式

孔隙（裂缝）层在常规测井三孔隙度曲线中显示为具有较高的孔隙度，低自然伽马，较低电阻率值，三孔隙度曲线形态变化具有良好的一致性。成像测井静态图为浅褐色—亮黄色，动态图像上显示细小暗色斑点发育，且近似呈层状分布，偶可见孤立溶孔引起的暗斑或裂缝引起的暗色正弦曲线（图 2-2-2）。该类块状测井相储层后期成岩改造作用相对较弱，孔隙以针孔状为主，孔隙度和渗透率中等，多为Ⅱ类储层。

致密块状层在常规测井曲线中表现为"两高两低"：高电阻、高密度、低声波时差、低中子测井，反映储层致密，物性差。成像测井静态图显示高亮，动态图也呈亮色块状

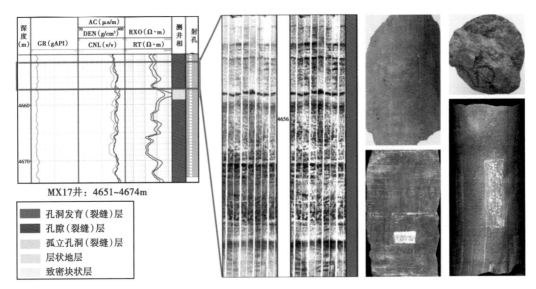

图 2-2-2　孔隙（裂缝）层成像测井图像响应特征

（图 2-2-3）。该类块状测井相岩性多为粉—细晶白云岩，后期胶结和压实作用强，属非储层。

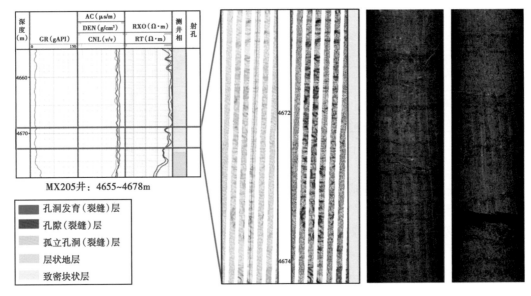

图 2-2-3　致密块状层成像测井图像响应特征

2）斑状相测井响应特征及成像模式

孔洞发育（裂缝）层在常规测井曲线中表现为"三低两高"：低密度、低自然伽马、低电阻率、高声波时差、高中子测井，三孔隙度曲线形态变化不一致，反映孔隙类型多样，偶见电阻率和声波测井由裂缝引起的 U 形尖峰。成像测井静态图显示暗黄色—深褐色，反映电阻率低，动态图上可见分布不规则黑色暗斑发育（图 2-2-4），反映该类斑状测井相溶蚀孔洞发育，孔隙度高、连通性好，沉积环境多以高能颗粒滩为主、后期溶蚀作用强，偶见裂缝引起的暗色正弦曲线，裂缝的存在则可以进一步增强储层的渗透性，该类斑状测井相多为高产层段，属Ⅰ类储层。

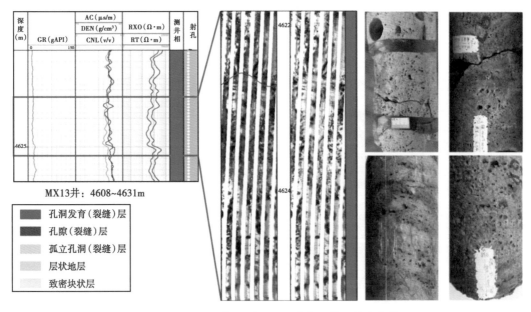

图 2-2-4　孔洞发育（裂缝）层成像测井图像响应特征

孤立孔洞（裂缝）层在常规测井三孔隙度曲线中显示为具有较低的孔隙度，电阻率值较高，三孔隙度曲线形态变化一致性介于上述两种测井相之间。成像测井静态图上显示亮黄色，动态图像上可见分布不规则的零星暗斑，偶见由裂缝引起的暗色正弦曲线（图 2-2-5）。该类

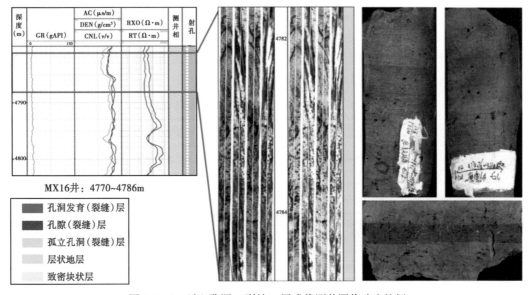

图 2-2-5　孤立孔洞（裂缝）层成像测井图像响应特征

斑状测井相溶蚀孔洞零星发育，具有一定孔隙性，但连通性较差，若有裂缝则可起到一定沟通作用，属Ⅲ类储层。

3）层状相测井响应特征及成像模式

层状地层在常规测井三孔隙度曲线中显示为低孔隙度，自然伽马值较高，电阻率曲线较高。成像测井静态图像显示亮色，动态图像上可见明暗相间的层状纹层（图2-2-6），该类测井相多发育于混积潮坪相等低能环境，在龙王庙组顶底较发育，多为非储层。

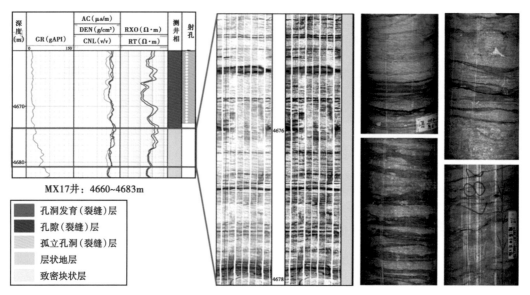

图2-2-6　层状地层成像测井图像响应特征

2. 成像测井相与沉积相之间关系

在盆地区域沉积相研究的基础上，对安岳气田龙王庙组开展了岩心精细描述及沉积微相分析。研究认为，安岳气田龙王庙组主要发育局限台地相，又可细分为颗粒滩、滩间海及潮坪3个亚相（表2-2-3）。在单井电成像测井相解释基础上，将电成像测井相解释结果与地质上单井沉积相柱状图进行对比，总结归纳了四川盆地龙王庙组滩相白云岩成像测井相与沉积微相之间关系，并建立相应沉积微相识别模版共计4幅。

表2-2-3　安岳气田龙王庙组沉积微相特征表

相	亚相	微相	沉积物类型及特征
局限台地相	混积潮坪	泥云坪	泥质云岩
		砂云坪	砂质云岩
	颗粒滩		亮晶砂屑云岩、鲕粒云岩、砾屑云岩、
	滩间海	滩间云泥	泥晶云岩，夹水平泥质纹层和泥质条带
		滩间含生屑云泥	生屑泥晶或含生屑泥晶云岩，生物保存完整

1）混积潮坪亚相识别模版

在高石梯—磨溪构造龙王庙组，混积潮坪以砂云坪、云坪、泥云坪为主，主要发育于高石梯构造龙王庙组的中部和顶部（主要为砂云坪或泥云坪）以及磨溪构造局部井区的龙王庙组顶部（以云坪、泥云坪沉积为特征，且厚度相对要小）。

混积潮坪岩性为深灰色、灰色泥粉晶白云岩，砂质云岩，云质砂岩，局部夹砂砾屑云岩，泥质条带发育，纹层特征明显，成像测井图表现为暗色—橙色的明暗相间的特征，薄纹层—极薄纹层密集（图2-2-7）。GR曲线形态为齿状起伏，砂云坪或泥云坪发育时GR在40API左右（图2-2-8）；云坪发育时GR在20API左右（图2-2-9）。混积潮坪亚相一般不

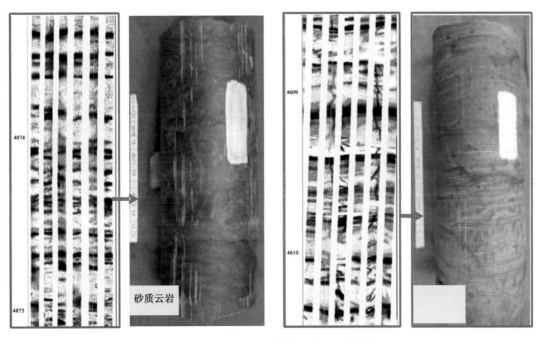

图2-2-7 混积潮坪成像—岩心对应特征

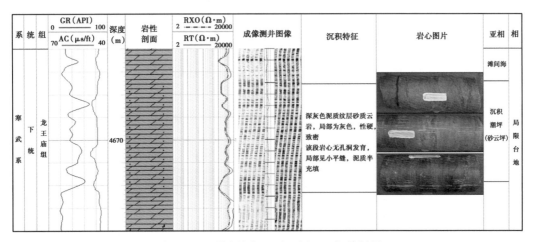

图2-2-8 混积潮坪（砂云坪）亚相特征图

发育储层，或者储层物性较差，岩心上普遍无孔洞发育，局部或见泥质半充填小缝；当局部夹有砂屑云岩时可发育小洞或针孔，孔洞间连通性一般较差（图2-2-9）。

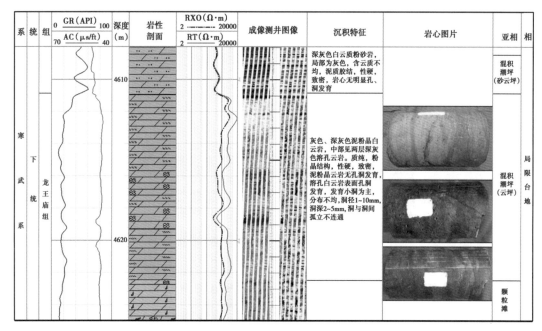

图2-2-9　混积潮坪（云坪）亚相特征图

2）台内滩亚相识别模版

在高石梯—磨溪构造龙王庙组发育的台内颗粒滩主要为砂屑滩，其次为鲕粒滩。岩性为斑杂状亮晶砂屑云岩、深灰色—灰色细晶砂屑白云岩、隐晶砂屑云岩等，溶蚀孔洞、针孔发育。孔洞主要为弱充填—未充填的蜂窝状溶洞或者顺层发育的溶孔，如图2-2-10所示。常

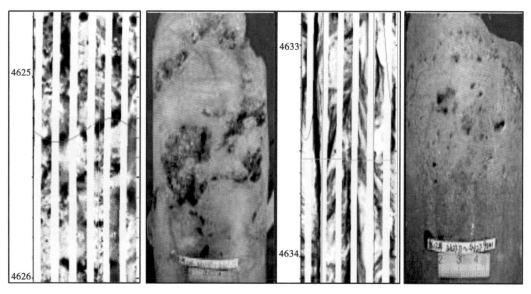

图2-2-10　台内滩亚相成像—岩心对应特征图

见斑杂状亮晶砂屑云岩，为差异溶蚀的结果，基岩为块状厚层的浅色亮晶砂屑云岩，暗色溶斑为溶蚀作用强烈导致孔隙发育，沥青充填浸染导致该部分呈暗色，亮色斑块为未被溶蚀产生粒间孔、晶间孔的部分。

颗粒滩通过成像测井较容易识别，以橙色为主：溶蚀特征明显的呈斑杂块状，无明显溶蚀则呈厚层块状，如图 2-2-11 所示；GR 曲线形态平直，其值在 18API 左右。颗粒滩亚相的常规测井、成像测井与岩心的对应特征如图 2-2-11 所示。颗粒滩亚相是龙王庙组最有利的储层发育相带。磨溪构造台内颗粒滩厚度比高石梯大，横向分布连续性更好。

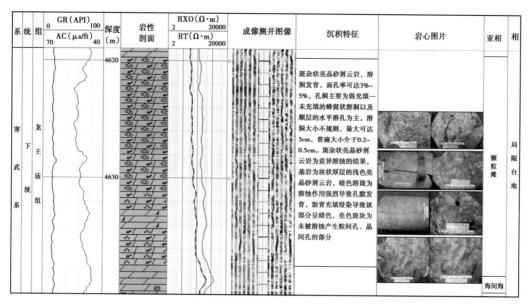

图 2-2-11　台内滩亚相特征图

3）滩间海亚相

高石梯—磨溪构造龙王庙组滩间海亚相以云质滩间海为主，在高石梯构造分布更为广泛。岩性为深褐灰色、褐灰色泥晶、粉晶云岩，局部可夹薄层砂屑云岩；岩性致密，性硬，偶见沥青质呈条带状分布，孔洞缝欠发育，放大镜下见针孔局部发育；可见泥质条带发育，局部黄铁矿零星分布。岩心柱面光滑，表面见圆形至椭圆形方解石及云石斑块。成像测井图以橙色为主，见纹层状、块状互层，如图 2-2-12 所示；GR 曲线形态平直，其值在 20API 左右。滩间海亚相的常规测井、成像测井与岩心的对应特征如图 2-2-13 所示。

3. 单井电成像测井相解释

图 2-2-14 为 MXA 井龙王庙组沉积相分析图，可见该井取心段沉积特征及与之对应的常规测井、成像测井特征，储层发育及试油情况。该井龙王庙组自下而上发育滩间海—台内颗粒滩—混积潮坪（云坪）亚相，好的储层主要发育在颗粒滩亚相段，并获得较高产能；滩间海亚相和混积潮坪（云坪）亚相段内储层较差，甚至无储层。

如图 2-2-15 所示，GSB 井龙王庙组自下而上发育滩间海—台内颗粒滩—混积潮坪（云坪）—滩间海—台内颗粒滩—混积潮坪（云坪）亚相，好的储层主要发育在上颗粒滩亚相段；滩间海亚相和混积潮坪（云坪）亚相段内储层较差，甚至无储层。

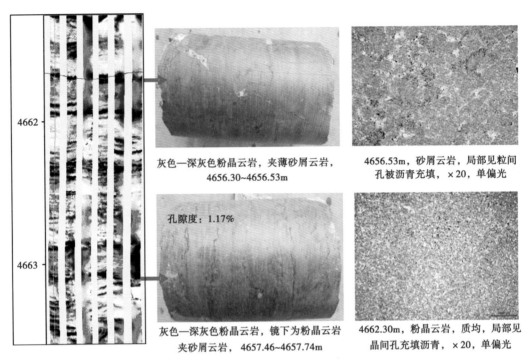

灰色—深灰色粉晶云岩，夹薄砂屑云岩，
4656.30~4656.53m

4656.53m，砂屑云岩，局部见粒间
孔被沥青充填，×20，单偏光

孔隙度：1.17%

灰色—深灰色粉晶云岩，镜下为粉晶云岩
夹砂屑云岩，4657.46~4657.74m

4662.30m，粉晶云岩，质均，局部见
晶间孔充填沥青，×20，单偏光

图 2-2-12　滩间海亚相成像与岩心对应特征图

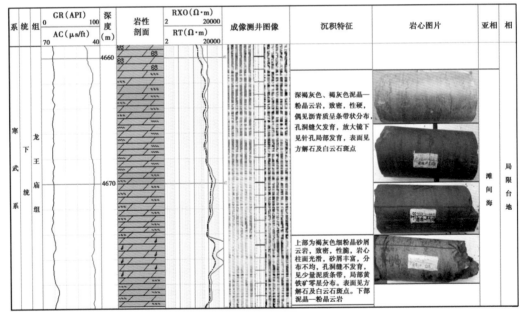

图 2-2-13　滩间海亚相特征图

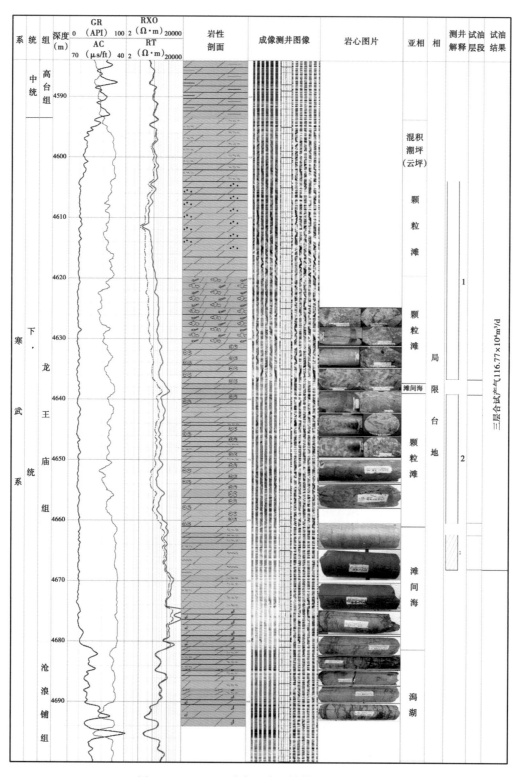

图 2-2-14　MXA 井龙王庙组单井沉积相划分图

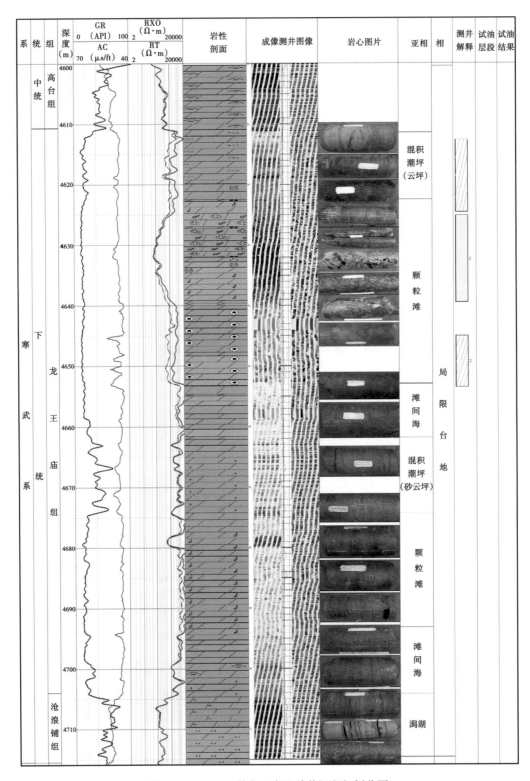

图 2-2-15 GSB 井龙王庙组单井沉积相划分图

第三节　风化壳储层成像测井相模式与解释

风化壳由于受岩溶影响，裂缝及溶蚀孔洞非常发育，是塔里木盆地和鄂尔多斯地区奥陶系碳酸盐岩重要的储集体之一。本节针对塔里木盆地和鄂尔多斯地区奥陶系风化壳储层，从电成像测井相出发，重点剖析了沉积相与岩溶带之间的关系。

一、风化壳灰岩

塔里木盆地轮古地区潜山奥陶系发育风化壳储层，其主要岩性为石灰岩，非均质性比较强。储层受岩溶和构造破裂作用影响，具有纵向上分层、平面上分区的分布规律。岩性岩相类型对上述两种作用影响较大，能够间接影响储层好坏。通过对研究工区内大量井的统计分析，建立了目标地区风化壳灰岩与电成像测井相之间的关系，在优势岩性岩相的基础上，提出了优势电成像测井相，并通过井间对比明确了各组段有利储层发育区。

1. 成像测井相与岩相的关系

轮古地区奥陶系碳酸盐岩岩相主要有以下 3 大类型：

（1）颗粒灰岩类，包括亮晶颗粒灰岩和泥晶颗粒灰岩；

（2）泥晶灰岩类，包括颗粒泥晶灰岩和泥晶灰岩；

（3）岩溶岩类，主要是充填大型溶洞和裂缝的砂泥岩、方解石、角砾岩等。

为了探讨电成像测井相与岩相之间的关系，在对取心井段电成像测井相精细解释及薄片鉴定数据整理分析的基础上，对电成像测井相与岩相之间的关系进行了定量的统计分析。在轮古地区共观察 28 口井的岩心，其中既有岩心又有成像测井资料的井 24 口，岩心—成像测井资料能准确归位的井有 18 口，对这 18 口井中 820 个成像测井相与岩相数据进行了统计，其结果见表 2-3-1。

表 2-3-1　轮古地区成像测井相与岩相关系统计结果　　　　　单位：个

FMI/EMI 相	亮晶颗粒灰岩	泥晶颗粒灰岩	颗粒泥晶灰岩	泥晶灰岩	生物灰岩	云化灰岩	泥质灰岩	其他岩类	合计
深色低阻块状相	3	4	2	2	0	0	1	1	13
浅色高阻块状相	17	7	5	15	0	1	1	7	53
平行层状相	4	2	3	6	0	0	1	1	17
交错层状相	46	9	5	13	8	2	1	0	84
递变层状相	47	13	8	17	0	0	1	0	86
变形层状相	50	27	23	14	2	1	5	1	123
深色低阻交错层状相	21	3	1	4	0	0	0	0	29
浅色高阻交错层状相	18	6	0	1	0	1	3	0	29
正向递变层状相	2	2	0	1	0	0	0	0	5
反向递变层状相	0	0	0	2	0	0	0	0	2
深色低阻变形层状相	17	7	2	9	0	0	0	2	37
浅色高阻变形层状相	58	22	18	8	5	1	2	0	114

续表

FMI/EMI 相	亮晶颗粒灰岩	泥晶颗粒灰岩	颗粒泥晶灰岩	泥晶灰岩	生物灰岩	云化灰岩	泥质灰岩	其他岩类	合计
互层相	1	2	4	3	0	0	0	0	10
亮斑相	5	0	5	4	0	0	1	0	15
暗斑相	127	46	16	9	0	2	0	3	203
合计	416	150	92	108	15	8	16	15	820

在所统计的 820 个样本中，岩相类型以正常的颗粒—灰泥灰岩系列为主，占统计样本总数的 93.4%，其他岩相类型包括生物灰岩、云化灰岩、泥质灰岩及硅质岩等的样本数很少。丰度较高的成像测井相类型主要有 9 种，依次为暗斑相（样本数为 203 个）、高阻平行薄层相（变形层状相，123 个）、高阻变形层状相（浅色高阻变形层状相，114 个）、低阻平行薄层相（递变层状相，86 个）、高阻平行厚层相（交错层状相，84 个）、高阻块状相（浅色高阻块状相，53 个）、低阻变形层状相（深色低阻变形层状相，37 个）、低阻交错层状相（深色低阻交错层状相，29 个）和高阻交错层状相（浅色高阻交错层状相，29 个），其他成像测井相类型的丰度很低（样本数均少于 20 个）。

为了探讨电成像测井相与储层岩相之间的可能联系，对上述 9 种主要成像测井相中各类岩相的样本百分含量进行了统计。统计表明，暗斑相、深色低阻交错层状相和浅色低阻交错层状相 3 种电成像测井相主要由颗粒灰岩类组成，暗斑相中亮晶颗粒灰岩和泥晶颗粒灰岩的百分含量总计高达 85.22%，深色低阻交错层状相和浅色高阻交错层状相中颗粒灰岩类岩相的百分含量也在 80% 以上，均为 82.76%。其他 6 种主要电成像测井相（交错层状相、递变层状相、变形层状相、浅色高阻变形层状相、深色低阻变形层状相），尽管有的电成像测井相中颗粒灰岩类岩相的含量也较高，但泥晶灰岩类岩相的丰度也不低。所以，要根据电成像测井相预测主要的储集岩相——颗粒灰岩类的分布，只能选取暗斑相、深色低阻交错层状相和浅色高阻交错层状相 3 种电成像测井相，可以将这 3 种电成像测井相称为优势岩性电成像测井相。

2. 井间成像测井相对比与储层预测

选取轮古地区南部、北部各一条北西—南东向连井剖面编制井间连井对比大剖面，开展井间成像测井相对比分析（图 2-3-1、图 2-3-2）。北部大剖面西起 LG202 井，途径 LG5 井、LG381 井、LG38 井、LG391 井、LG392 井，止于 LD1 井。南部大剖面西起 LG16 井，经过 LG18 井、LG13 井、LN634 井、LN631 井、LG35 井，至 LG341 井结束。轮古地区东部奥陶系各组段电成像测井相的发育具有一定的规律性，良里塔格组以低阻变形层状相为主，顶部纯灰岩段暗斑相较发育。吐木休克组主要由低阻平行薄层相和低阻变形层状相组成。一间房组成像测井相类型较丰富，但以暗斑相、低阻或高阻平行薄层相及低阻或高阻交错层状相为主。鹰山组与一间房组类似，暗斑相、薄层相及交错层状相较发育，但图像颜色普遍较浅，高阻系列成像测井相较发育，此外，高阻变形层状相含量较高，主要与其内部发育有大量的由差异胶结或白云化有关的花斑状灰岩有关。

综合分析认为，轮古地区奥陶系碳酸盐岩储层的发育在纵向上以一间房组最好，其次为鹰山组，良里塔格组相对较差。各组段有利储层发育区的分布存在差异。良里塔格组 LG13

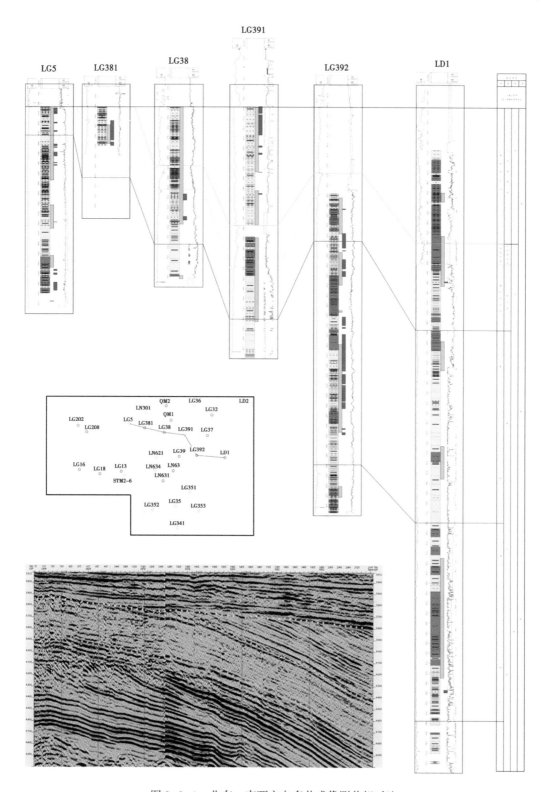

图 2-3-1　北东—南西方向多井成像测井相对比

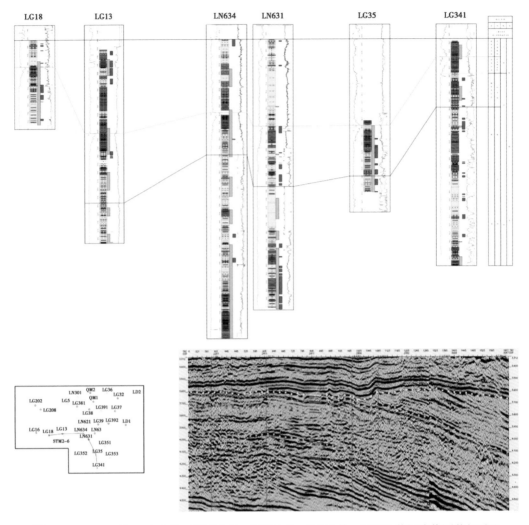

图 2-3-2　LG18 井—LG13 井—LN634 井—LN631 井—LG35 井—LG341 井间成像测井相对比

井至 LD2 井连线所在的北东向条带区储集条件较好，预测的颗粒灰岩岩相及储层较发育，且地震属性处于低值区。一间房组以 LG391 井—LN63 井—LG341 井连线以西地区最有利。鹰山组（主要是鹰一段）有利区带主要分布于中西部地区。

二、风化壳白云岩

鄂尔多斯盆地奥陶系马家沟组为一套强蒸发台地环境下沉积形成的准同生白云岩夹云质泥岩地层，受加里东运动抬升作用的影响，经历了长期大气淡水风化、淋滤、溶蚀作用，形成了大面积的风化壳岩溶体；奥陶纪末，呈西高东低状态，其整体地貌控制了盆地的风化壳岩溶发育情况，盆地西部为岩溶高地，以大气淡水渗流溶蚀为主，垂直渗流岩溶带发育，盆地中部为岩溶斜坡带，渗流溶蚀与潜流溶蚀作用发育，盆地东部处于岩溶洼地部位，溶蚀作用较弱且充填作用强。风化壳储层的主力层位主要为马五$_{1+2}$。

1. 测井地质模型

风化壳白云岩的储集岩类为泥—细粉晶云岩；储集空间以溶蚀孔洞和裂缝为主，其次为晶间孔；储层类型主要为裂缝—溶蚀孔洞型、孔隙型和裂缝—微孔型。沉积微相类型主要为潮间含膏云坪。受岩溶水动力作用影响，盆地岩溶相带在垂向上可划分为风化壳残积带、垂直渗流岩溶带、水平潜流岩溶带与基岩，其发育程度与岩溶古地貌相关（图 2-3-3）。测井地质模型的建立为研究岩溶相带和成像测井相之间的关系提供了依据。

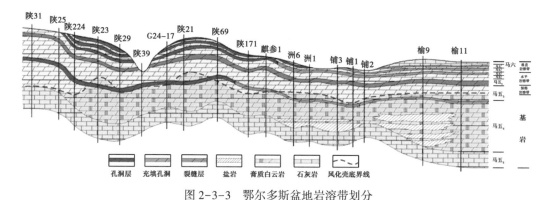

图 2-3-3　鄂尔多斯盆地岩溶带划分

2. 岩溶相带与电成像测井相模式

大量的岩心露头观察表明，岩溶相带从上往下可细化分为风化壳残积层、垂直渗流带、水平潜流带和基岩，不同岩溶相带其电成像测井特征具有显著差异。垂直渗流带一般发育好的储层，水平潜流带发育一般储层，基岩为非储层。下面重点介绍垂直渗流带、水平潜流带和残积层电成像测井相图像特征。

垂直渗流带电成像测井相模式。垂直淋滤带的地表水向下沿裂缝或断层垂直渗流，对碳酸盐岩进行溶蚀而形成垂向分布的溶缝、溶孔和落水洞，这些孔洞里往往被后期的填隙物（泥、淡水白云石、方解石晶体、角砾）充填或半充填，这种岩溶具有未充填或含泥的溶缝和溶孔、含泥小型溶洞、角砾岩等典型的地质特征。由于渗流带垂直淋滤缝与溶蚀孔洞响应被泥浆或泥质充填，具有较好的导电性，在电阻率成像图上表现为暗斑、暗点和暗线特征。垂直淋滤带电成像测井模式为垂直线状与不规则暗色斑状组合模式，部分储层为不规则的垂直暗线模式（图 2-3-4）。

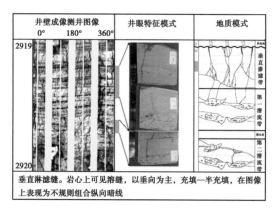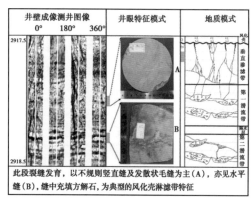

图 2-3-4　不规则组合暗线模式（淋滤带缝、垂直淋滤缝）

　　水平潜流带电成像测井相模式。在地下潜流面附近，淡水以水平方向流动为主，对碳酸盐岩进行溶蚀后形成大型的水平方向的溶蚀孔洞、地下洞穴及暗河等，这种岩溶带的地质特征为开放的溶洞、再沉积的泥岩及垮塌的角砾岩等。水平潜流岩溶带电成像测井相模式为水平线状—层状与暗色斑状组合模式（图 2-3-5）。

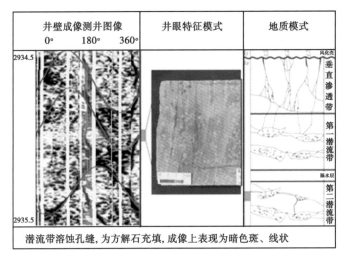

图 2-3-5　暗色斑、线模式（潜流带溶蚀孔缝）

　　风化壳残积层电成像测井相模式。碳酸盐岩储层上部覆盖着后期沉积的铁铝质黏土与铝土矿，是岩溶储层的盖层。整体上表现为暗色—亮色—暗色条带状组合模式，暗色部分是铁铝质泥岩，亮色部分是铝土矿，另可见与下部马家沟组白云岩地层的不整合侵蚀面，或者是呈现为单一暗块模式（图 2-3-6）。

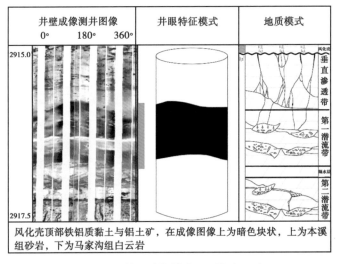

图 2-3-6　单一暗块模式（顶部铝土岩）

风化壳储层成像解释模式的建立为成像测井的地质应用奠定了基础，也为利用岩溶相带的成像特征综合预测储层产能提供了依据。风化壳储层电成像测井相模式（图 2-3-7）已成为鄂尔多斯盆地碳酸盐岩储层测井解释的标准模式。

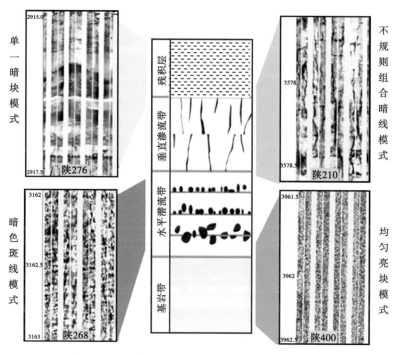

图 2-3-7　鄂尔多斯盆地风化壳白云岩储层成像模式

第四节　岩性岩相特征刻画与自动识别技术

岩性岩相分析是进行储层评价的基础，对于碳酸盐岩储层来说，有利储层往往与岩性岩相关系密切，测井技术是岩性岩相识别的最直接、最有效的手段，对于碳酸盐岩储层的勘探开发具有重要指导意义。过去的学者大都是利用常规测井资料采用交会图技术、最优化方法、神经网络技术等对储层进行岩性岩相的判别，虽然取得了一定的应用效果，但是存在多解性强、符合率低等问题。成像测井能够精确描述储层的沉积特征，对泥质、生屑、孔隙、裂缝等地质现象均有明显的反应，是进行岩性岩相研究的有效工具。

随着高分辨率电成像测井在碳酸盐岩储层中的大量应用，利用电成像测井资料进行沉积相分析越来越多地应用于油田的科研生产中，但是怎样充分挖掘电成像测井资料所包含的岩性岩相信息并具有计算机可操作性是本书重点论述的问题。

利用成像测井判别沉积相，首先应对地层的沉积规律有清晰的认识，在此基础上，对研究区岩心与成像图像深度进行精确归位，总结出成像测井上可识别的岩性岩相特征及对应的成像模式，进而利用图像分析和模式识别技术对成像数据进行自动判别，确定其所属的成像模式，最后把成像模式与常规测井资料相结合，综合进行岩性岩相识别。

一、成像测井沉积相自动判别技术

由于成像测井资料所包含的信息量极大，在实际应用中，为了准确识别地层的结构组分和沉积构造，至少要在 1:5 或 1:10 的深度比例下进行成像测井解释。这使得人工解释的工作量极大、效率极低，而且人工解释会受到肉眼分辨能力的限制和经验因素的影响，解释的准确率也较低。因此，能否实现计算机自动识别是成像模式判别碳酸盐岩储层技术能否应用的关键。目前，模式识别技术在常规测井曲线的智能解释方面已有一些应用，但效果并不理想。其原因一方面在于常规测井曲线自身信息量的局限性，另一方面在于难以选取有效的分类特征和分类方法。本书设计并实现的成像模式自动识别方法很好地解决了上述问题，并在实际应用中取得了良好效果。识别过程如图 2-4-1 所示，以原始的成像数据作为输入，依次进行图像处理、特征分割、特征提取、特征选择、分类和系统评估，最后输出分类的结果：成像模式。其中每个步骤均需根据下一步骤的反馈进行多次回溯，直到达到最佳分类效果。

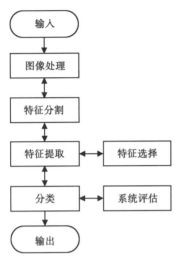

图 2-4-1 成像模式识别步骤

1. 图像处理

图像处理阶段包括数据校正、图像显示及图像增强等预处理过程。理想情况下仪器保持匀速运动，当仪器在井眼中轻度遇卡时，测井记录的深度与真实的测量深度将出现偏差，因此必须首先进行速度校正。图像显示是把成像测井获取的原始数据映射为彩色或灰度图像的过程。图像增强主要是通过直方图均衡化来突出特征和消除噪声。

2. 图像分割

成像资料能够精细地反映地质特征，而图像分割的目的就是把这些特征从背景中分割出来。特征分割是对成像进行后续分析的基础。首先，对图像进行二值化处理，把特征从背景中分割出来；然后分别标记每个值为 1 的区域，记录为单独的特征。

最简便和应用最广的二值化方法是阈值法，阈值可以由成像数据的直方图确定。图 2-4-2a 是一段滩间海地层的成像图，图 2-4-2b 是该段成像数据的分布直方图，目的是找到一个最

a. 一段滩间海地层的成像图像

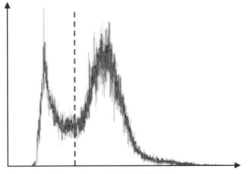

b. 分布直方图

图 2-4-2 利用直方图确定最优阈值

优阈值以将其中的高阻条带特征从背景中分割出来。这是一个双峰直方图，左边的峰代表高阻特征，右边的峰代表低阻背景，可以证明最优阈值 T 位于双峰之间的波谷处。当特征与背景之间的差异明显时，使用阈值法进行图像分割可以得到理想的效果，然而，当特征与背景比较接近时，阈值法无法对特征和背景进行有效区分，此时应采用分水岭算法进行图像分割。

分水岭算法借鉴了地形学概念，把需要进行二值化的图像数据看作三维地形数据，模拟水从高处下降时分水岭逐渐露出水面的过程，从而得出各个特征的轮廓边界。分水岭代表了灰度的局部最佳值，分水岭的位置就是各个特征的轮廓边界，如图 2-4-3 所示。显然，分水岭算法的分割效果明显优于阈值法。

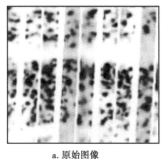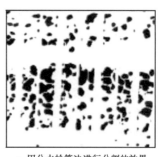

a. 原始图像   b. 用阈值法进行分割的效果   c. 用分水岭算法进行分割的效果

图 2-4-3　阈值法与分水岭算法分割效果比较

3. 特征提取

把成像测井典型特征从背景中分割出来后，需要对这些特征进行量化分析，这个过程称为特征提取。所需要提取的特征包括形状特征和纹理特征两类。

特征提取的关键并不在于各种特征参数的计算，而在于事先把分割出来的特征按照地质意义归类，并以类为单位进行统计。图 2-4-4 所示为礁滩储层成像中的几种常见特征。对于不同的特征，各种特征参数的重要性也有所不同。溶孔与泥质团块很难根据单个特征进行判断，必须考虑总体的分布规律。藻纹层和泥质条带形态相似，厚度是区分两者的重要参

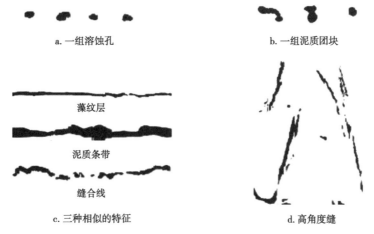

a. 一组溶蚀孔   b. 一组泥质团块

藻纹层

泥质条带

缝合线

c. 三种相似的特征   d. 高角度缝

图 2-4-4　礁滩储层成像中的常见特征

数，而锯齿状是缝合线的典型特征，可以用曲率加以衡量。对于裂缝，倾向和倾角最重要。此外，用于表征形状特征的描述参数还包括外观比、偏心率、球状性等。

对一段图像 S，如果函数 $f(x, y)$ 定义了某种空间关系，则 S 的灰度共生矩阵 P 中各元素定义为：

$$P(g_1, g_2) = \frac{\#\{[(x_1, y_1), (x_2, y_2)] \in S \mid f(x_1, y_1) = g_1 \& f(x_2, y_2) = g_2\}}{\#S}$$

$$(2-4-1)$$

式中，分子是具有空间关系 $f(x, y)$，且值分别为 g_1 和 g_2 的元素对的个数；分母是 S 中元素对的总个数（#代表个数）。

图 2-4-5 为一组具有不同纹理的成像，表 2-4-1 中是各个成像的纹理特征参数计算结果。为了避免空白区域对计算结果的影响，成像图中的空白区域已经被除去。

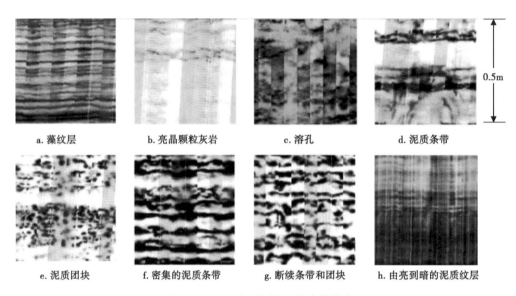

a. 藻纹层　　　b. 亮晶颗粒灰岩　　　c. 溶孔　　　d. 泥质条带

e. 泥质团块　　f. 密集的泥质条带　　g. 断续条带和团块　　h. 由亮到暗的泥质纹层

图 2-4-5　具有不同纹理的成像样本

表 2-4-1　纹理参数计算结果

图片	方位（°）	角二阶矩	对比度	相关性	逆差矩	熵（bit）
a	0	0.002	38.242	6.42×10^{-4}	0.513	7.118
	90	0.001	68.613	6.35×10^{-4}	0.277	7.836
b	0	0.018	75.832	7.12×10^{-4}	0.473	6.509
	90	0.02	57.516	7.17×10^{-4}	0.532	6.31
c	0	0.004	46.428	5.52×10^{-4}	0.431	7.209
	90	0.004	43.349	5.52×10^{-4}	0.405	7.254

图片	方位（°）	角二阶矩	对比度	相关性	逆差矩	熵（bit）
d	0	0.003	90.732	$2.44×10^{-4}$	0.426	7.524
	90	0.003	87.472	$2.44×10^{-4}$	0.415	7.602
e	0	0.002	136.664	$2.07×10^{-4}$	0.324	8.18
	90	0.003	121.664	$2.07×10^{-4}$	0.317	8.246
f	0	0.011	70.504	$1.76×10^{-4}$	0.465	7.342
	90	0.008	122.772	$1.75×10^{-4}$	0.351	7.834
g	0	0.002	151.935	$1.54×10^{-4}$	0.349	8.162
	90	0.002	146.844	$1.54×10^{-4}$	0.285	8.477
h	0	0.002	49.523	$5.30×10^{-4}$	0.327	7.586
	90	0.003	34.598	$5.32×10^{-4}$	0.505	7.021

4. 特征选择

进行分类之前需要进行特征选择。通过上一步的特征提取，可得到多种特征参数，其中既包括区分性强的特征，也包括一些几乎没有区分性的特征。过多的特征会大大提高计算的复杂度和分类器的误差概率，降低分类系统的适用性。因此必须进行特征选择来除去不具辨别能力的特征，以尽量提高系统的性能。

首先，利用 Fisher 判别率（Fisher's Discriminant Ratio，简写为 FDR）对每一种特征的辨别能力进行评估。设共有 M 个类别（ω_1，ω_2，$\cdots$，ω_M），m 种特征（x_1，x_2，$\cdots$，x_m），则特征 x_k 对于类别 ω_i 和 ω_j 的可分性 $C(x_k)_{ij}$ 定义为：

$$C(x_k)_{ij} = \frac{(\mu_i - \mu_j)^2}{\sigma_i^2 + \sigma_j^2} \tag{2-4-2}$$

式中，μ_i，μ_j 和 σ_i，σ_j 分别代表特征 x_k 在类 ω_i 和 ω_j 中样本的平均值和方差。

特征 x_k 对于所有 M 个类别总的可分性 $C(x_k)$ 定义为：

$$C(x_k) = \sum_i^M \sum_{j \neq i}^M C(x_k)_{ij} \tag{2-4-3}$$

式中，$k = 1, 2, \cdots, m$。

接下来，选取最有效的特征组合形成特征向量 x。依次计算每个特征的可分性，选出最优特征，假设为 x_a，组合所有包含 x_a 的二维特征向量，$[x_a, x_1]^T$，$[x_a, x_2]^T$，$\cdots$，$[x_a, x_m]^T$，并评估每个二维特征向量的分类效果，选出最优的二维特征向量，假设为 $[x_a, x_b]^T$；再组合所有包含 x_a、x_b 的三维特征向量。重复该过程直到所选出的特征向量 x 满足分类的要求。

有效的特征选择可以大大提高分类的准确率，降低计算的复杂度，是进行有效分类的前提。

5. 分类与识别

根据特征向量自动进行分类的工作由判别函数完成。判别函数 $g(x, \omega_i)$ 根据特征向量 x 估计每个类的概率，若 x 对应的样本属于类 ω_i，则应满足：

$$g(x, \omega_i) > g(x, \omega_j) \tag{2-4-4}$$

式中，$j = 1, 2, \cdots, M$，且 $j \neq i$。

实际应用中，通过求取最小欧氏距离的方法形成判别函数 $g(x, \omega_i)$。首先用每个类的均值向量来表征该类。类 ω_i 的均值向量 m_i 定义为：

$$m_i = \frac{1}{N_i} \sum_{x \in \omega_i} x \tag{2-4-5}$$

式中，N_i 是类 ω_i 中训练样本的总数，$i = 1, 2, \cdots, M$。

通过欧氏距离来估计特征向量 x 与每个类的 m_i 之间的相似性：

$$D_i(x) = \| x - m_i \| \tag{2-4-6}$$

式中，$i = 1, 2, \cdots, M$。

由于距离越小相似性越高，因此特征向量 x 的样本最终将被判别为具有最小 D_i 值的类 ω_i。

二、岩性岩相识别实例

利用上述方法对 TZ-X 井进行分析，根据其成像测井资料判别沉积相和岩性，然后将判定结果与岩心资料进行比较，以验证方法的有效性。

首先把井 TZ-X 的成像数据输入到成像模式判别程序中，程序将按照本书所述方法对成像数据逐段进行自动分类与判别。判别完成后，解释人员可以手工调整判别结论，修正明显错误。如图 2-4-6 所示，分类程序共把该井段分为 8 个层。定义各层编号为从 A 到 H，然后根据前文所给出的解释模式与沉积相的对应关系，并结合常规曲线，依次判别各层的岩性岩相。层 A、层 B、层 C、层 D、层 F 均为条带模式或断续条带模式，这两种模式都既有可能是滩间海，又有可能是低能滩。滩间海与低能滩的区别在于滩间海的水动力条件比低能滩弱，泥质含量高，因此可以通过 GR 值的高低区分两者。层 A 与层 C 所对应的 GR 值很高，说明这两层泥质含量很高，判定为滩间海，主要岩性为泥晶灰岩，可能含有泥质条带或纹层；而层 B、层 D、层 F 的 GR 值较低，判定为低能滩，主要岩性为泥晶颗粒灰岩。层 E 为纹层模式，该模式是灰泥丘丘核微相的典型模式，因此判定层 E 为灰泥丘丘核，主要岩性为粘结岩。层 G 为斑状模式，该模式是高能滩的典型模式，在其他微相中很少出现，因此判定层 G 为高能滩，主要岩性是亮晶颗粒灰岩。层 H 比较复杂，其主体是纹层模式，中间又夹杂着很多条带和断续条带模式的薄层。纹层模式是灰泥丘丘核的典型模式，而条带和断续条带模式代表了低能滩或滩间海等非丘环境，因此这种组合说明层 H 为从丘向非丘环境过渡的丘翼微相，岩性包括粘结岩、颗粒灰岩及泥晶灰岩等。

最后把判定结果与岩心资料进行比较。岩心观察及分析结果在图 2-4-6 的最右侧，可以看到，基于成像解释模式判定的沉积相和岩性与通过岩心观察得出的结论几乎完全吻合。

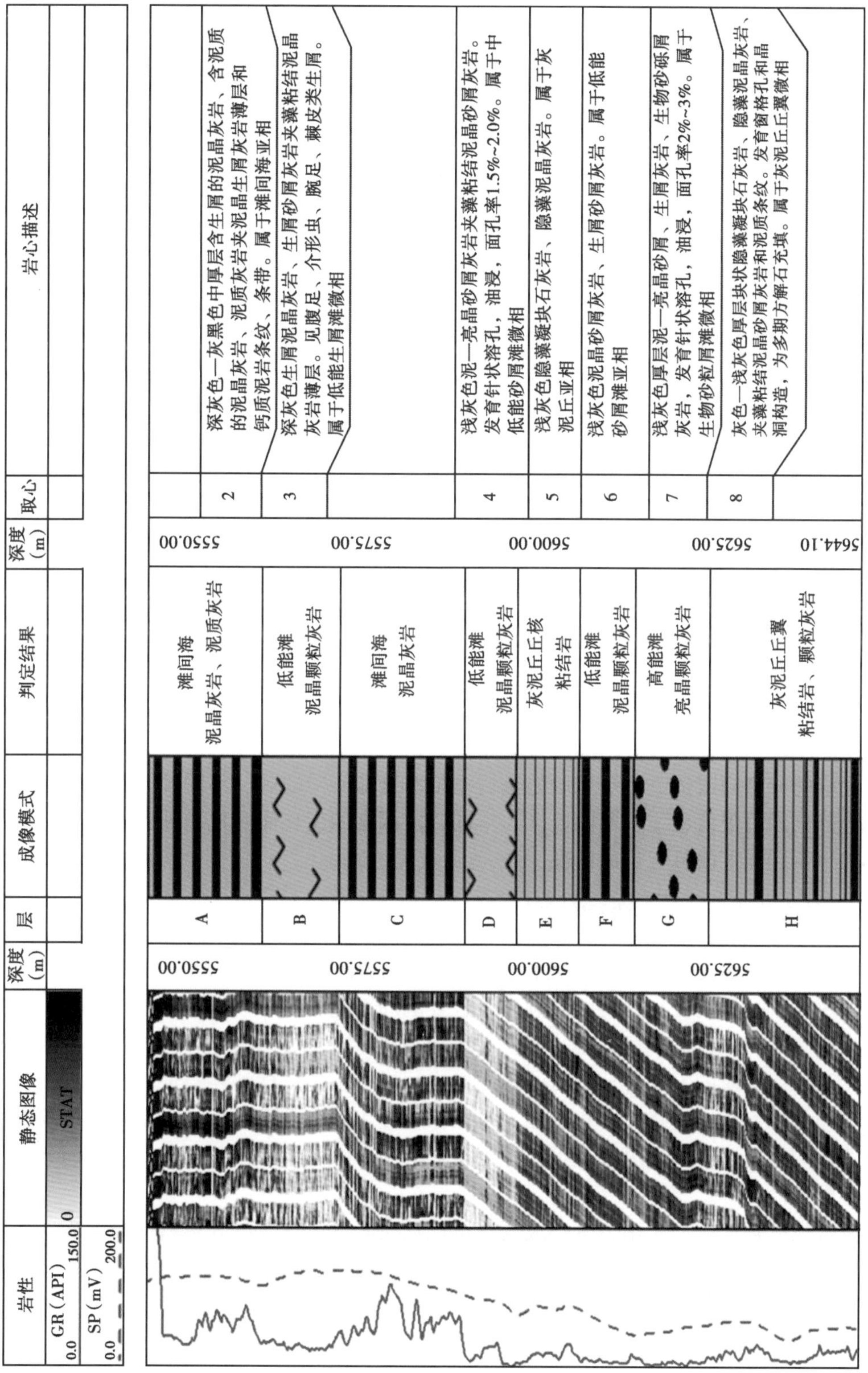

岩性 GR(API) 0.0–150.0 / SP(mV) 0.0–200.0	静态图像 STAT	深度 (m)	层	成像模式	判定结果	深度 (m)	取心	岩心描述
		5550.00	A		滩间海 泥晶灰岩、泥质灰岩	5550.00	2	深灰—灰黑色中厚层含生屑的泥晶灰岩,含泥质的泥晶灰岩,泥质泥岩夹泥晶生屑薄层和钙质泥岩条纹。属于滩间海沉积相。
			B		低能滩 泥晶颗粒灰岩	5575.00	3	深灰色生屑泥晶灰岩,泥晶砂屑灰岩夹粘结泥晶生屑。见腹足、介形虫、胸足、藻皮类生屑。属于低能生屑滩微相。
		5575.00	C		滩间海 泥晶灰岩			浅灰色泥—亮晶砂屑灰岩藻粘结泥晶砂屑灰岩。发育针状溶孔,油浸,面孔率1.5%~2.0%。属于中低能砂屑滩微相。
		5600.00	D		低能滩 泥晶颗粒灰岩 灰泥丘丘核 粘结岩	5600.00	4	浅灰色隐藻凝块石灰岩,隐藻泥晶灰岩。属于灰泥丘丘核泥丘亚相。
			E		灰泥丘丘核 粘结岩		5	浅灰色泥晶砂屑灰岩,生屑灰岩。属于低能生屑砂屑滩微相。
			F		低能滩 泥晶颗粒灰岩		6	浅灰色厚层层泥—亮晶砂屑灰岩,发育针状溶孔,油浸。属于高能砂屑滩微相。
		5625.00	G		高能滩 亮晶颗粒灰岩	5625.00	7	灰—浅灰色厚层块状隐藻凝块石灰岩,夹藻粘结泥晶生屑灰岩和泥晶灰岩,隐藻泥晶孔和晶洞构造,发育窗格状溶孔,面孔率2%~3%。属于灰泥丘丘翼微相。为多期方解石充填,分解石无充。
			H		灰泥丘丘翼 粘结岩、颗粒灰岩	5644.10	8	

图 2-4-6 电成像测井岩性岩相识别结果

49

第三章 储集性能测井刻画与表征技术

碳酸盐岩储集性能的评价更多是对储层有效性进行评价，储层有效性指在现有经济技术条件下能够达到工业产能的储层，不同油田、不同类型储层其有效性的具体定义不一样。我国碳酸盐岩储层非均质性、低孔低渗现象严重，测井评价和试油结果的符合率一直比较低，因此如何利用测井资料准确识别碳酸盐岩储层有效性已经成为碳酸盐岩储层解释评价的基础和关键。以往对碳酸盐岩储层有效性识别的研究大多从常规测井资料入手，如通过储层裂缝张开度、孔洞缝充填程度及孔隙结构特征研究进行储层有效性识别，但这些方法往往存在主观性和多解性。近年来，随着电成像镂空与刻画技术、阵列声波及远探测声波等新测井技术的广泛应用，非均质碳酸盐岩储层有效性评价技术有了快速发展。

第一节 井壁缝洞图像镂空与定量刻画

电成像测井资料以图像的形式反映井壁附近地层的层理、裂缝、溶蚀孔洞等地质现象。泥岩、泥质条带和导电矿物（如黄铁矿）的电阻率低；溶蚀孔洞、裂缝处由于侵入的钻井液具有较好的导电性，也表现为比基岩电阻率低的特征。为了表示这些不同的地质现象，一般在电成像测井图像上根据电阻率大小将它们用不同的颜色表示出来。地质现象在测井数据中是记录的二维物理量的大小，如果要在测量数据中把这些地质现象从背景中分割出来，就要找到相应的分割门限值。由于地层的基岩电阻率是随不同地区、不同井段深度变化而变化的，因此分割的门限值也要随不同地区、不同井段深度的变化而变化，即要求图像分割方法对不同井、不同深度段具有自适应性。

一、电成像测井图像镂空处理

电成像测井图像镂空处理的主要目的是要从电成像测井资料中提取定量信息，如面孔率、裂隙率、溶蚀孔洞大小、溶蚀孔洞和裂缝处的局部电阻率等参数，一个基本的步骤就是要对电成像测井图像数据进行分割，即从电成像测井资料中分离出主要反映裂缝、孔洞的子图像，然后采用相应的方法对分割后的子图像进行进一步的处理和参数计算。

根据图像像元邻域的特征，直接在二维图像中按 Mallat 方法应用二维小波变换求出目标与背景边缘的点集，然后按边缘点集坐标点所对应的原图像的像素灰度平均值作为分割阈值进行图像分割。

实际数据处理表明，应用二维小波变法可以从实际的电成像测井资料中较准确地分割出孔洞、裂缝的图像并且可以按深度段连续自动处理，获得合理的分割图像。

1. 二维二进小波变换多尺度边缘检测与图像分割

定义小波变换函数 $\Psi_s(x)$，函数 $f(x)$ 在位置 x 对尺度为 s 的小波变换为：

$$W_s f(x) = f(x) * \Psi_s(x) \tag{3-1-1}$$

取尺度为 $s = \{2^j\}_{j \in Z}$，定义 $\Psi_{2j}(x) = 2^{-j}\Psi\left(\dfrac{x}{2^j}\right)$，则函数 $f(x)$ 对尺度为 2^j 的小波变换为：

$$W_{2^j}f(x) = f * \Psi_{2^j}(x) \tag{3-1-2}$$

在频率域的形式为：

$$\hat{W}_{2^j}f(w) = \hat{f}(w)\hat{\Psi}(2^j w) \tag{3-1-3}$$

若小波函数集 $\Psi_{2j}(x)$ 的变换满足：

$$\sum_{-\infty}^{\infty} |\hat{\Psi}(2^j w)|^2 = 1 \tag{3-1-4}$$

则称小波函数 $\Psi_{2j}(x)$ 为二进小波函数，相应的变换为二进制小波变换。

设 $\theta(x)$ 为一平滑函数，令 $\Psi(x)$ 为 $\theta(x)$ 的一阶导数：

$$\Psi(x) = \frac{\mathrm{d}\theta(x)}{\mathrm{d}x} \tag{3-1-5}$$

记 $\theta_{2^j}(x) = \dfrac{1}{2^j}\theta\left(\dfrac{x}{2^j}\right)$，则对尺度为 2^j 的小波变换为：

$$W_{2^j}f(x) = f(x) * \Psi_{2^j}(x) = f * \left(2^j \frac{\mathrm{d}\theta_{2^j}(x)}{\mathrm{d}x}\right) = 2^j \frac{\mathrm{d}}{\mathrm{d}x}(f * \theta_{2^j})(x) \tag{3-1-6}$$

由此可见，小波变换 $W_{2^j}f(x)$ 正比于 θ_{2^j} 所平滑函数 $f(x)$ 的一阶导数。故 $|W_{2^j}f(x)|$ 的极大值对应于 $(f * \theta_{2^j})(x)$ 导数的极大值。而 $f * \theta_{2^{j(x)}}$ 导数的极大值是函数 $f(x)$ 对尺度为 2^j 时的局部陡变点（奇性点）。因此，小波变换的极大值提供了一种多尺度的检测函数奇性点位置的方法。

一维二进小波变换奇性检测的思想可推广到二维情况进行图像边缘检测。

设 $\theta(\zeta)$ 为一平滑函数，定义两个子波：

$$\Psi^1(x, y) = \frac{\partial\theta(x, y)}{\partial x}, \quad \Psi^2(x, y) = \frac{\partial\theta(x, y)}{\partial y} \tag{3-1-7}$$

令 $\Psi_s^1(x, y) = \left(\dfrac{1}{s}\right)^1\Psi(x/s, y)$，$\Psi_s^2 = \left(\dfrac{1}{s}\right)^1\Psi(x, y/s)$ 对应于水平方向和垂直方向的平滑函数。

对于任一平方可积函数，小波变换为：

$$\begin{aligned}
W^1f(s, x, y) &= f * \Psi_s^1(x) \\
W^2f(s, x, y) &= f * \Psi_s^2(y)
\end{aligned} \tag{3-1-8}$$

于是有：

$$\begin{pmatrix} W^1f(s, x, y) \\ W^2f(s, x, y) \end{pmatrix} = s \begin{pmatrix} \dfrac{\partial}{\partial x}(f * \theta_s)(x, y) \\ \dfrac{\partial}{\partial y}(f * \theta_s)(x, y) \end{pmatrix} = s\vec{\nabla}(f * \theta_s)(x, y) \tag{3-1-9}$$

可见，两分量的小波变换正比于由 $\theta(x, y)$ 与函数 $f(x, y)$ 的梯度向量。类似于一维的情况，用同样的方法定义小波变换的模极大值点。在二维情况下，度量空间为 (s, x, y)，对于 $s = (2^j)_{j \in Z}$ 二维二进小波变换可写为：

$$\left[W^1 f(2^j, x, y), W^2 f(2^j, x, y) \right]_{j \in Z} \qquad (3\text{-}1\text{-}10)$$

梯度向量的模和幅角为：

$$Mf(2^j, x, y) = \sqrt{\left| W^1 f(2^j, x, y) \right|^2 + \left| W^2 f(2^j, x, y) \right|^2}$$

$$Af(2^j, x, y) = \arctan \left[\frac{W^2 f(2^j, x, y)}{W^1 f(2^j, x, y)} \right] \qquad (3\text{-}1\text{-}11)$$

对于给定的 j 值，就可以计算出沿幅角方向的模极大值点。由于实际图像中目标边缘有陡有平，保留模极大值点大于某个门限值的点，这样就得到尺度为 2^j 时的图像边缘。设 $b(x, y)$ 为边缘图像，则：

$$b(x, y) = \begin{cases} 1, & \text{若 } Mf(2^j, x, y) \text{ 在方向 } Af(2^j, x, y) \text{ 为极大值点，且 } Mf(2^j, x, y) \geqslant \varepsilon \\ 0, & \text{其他} \end{cases}$$

$$(3\text{-}1\text{-}12)$$

分割阈值为：

$$T_h = \frac{\sum\limits_{x, y \in b(x, y) \neq 0} f(x, y)}{\sum\limits_{x, y} b(x, y)} \qquad (3\text{-}1\text{-}13)$$

根据这样计算出的图像边缘坐标所对应的原图像灰度值计算其平均值作为图像的分割阈值，从而实现图像的分割。用这种方法进行图像分割的含义为若某类边缘像素值所占的比例较大，则该类边缘对应的灰度值即为整幅图像的分割阈值。

2. 二维二进小波变换图像分割方法的实现

对于电成像测井资料的图像分割问题，实际不必计算每一个 2^j 尺度的小波变换。对给定的 j 值分别对图像数据进行水平方向和垂直方向的小波变换，将水平方向和垂直方向经小波变换后的图像作为水平分量和垂直分量，然后计算模及幅角方向的极值点。对于给定的 j 值，计算步骤如下，

（1）计算离散化频率域的子波；

（2）输入图像数据；

（3）对图像数据进行逐列和逐行傅里叶变换（FFT）；

（4）将 FFT 数据与频率域小波乘积；

（5）将与频率域子波乘积后的数据进行逆 FFT，得到小波域水平分量和垂直分量；

（6）计算大于给定门限的模极值点对应的原图像的坐标位置；

（7）根据模极值点对应的坐标位置的图像灰度值统计平均值；

（8）将平均值作为图像的分割阈值进行图像分割，输出分割图像；

（9）重复步骤（2）。

在实现上述方法时，采用具有一阶消失矩的小波函数，其为三次 B 样条函数的一阶导数，其频率域的形式为：

$$\Psi(w) = iw\left[\frac{\sin(w/4)}{w/4}\right]^4 \qquad (3-1-14)$$

如图 3-1-1 所示，第 1 道为原成像测井图，第 2 道为对应分割的溶孔及裂缝目标区域，该算法可以从电成像测井图像中分离出溶孔及裂缝的子图像。

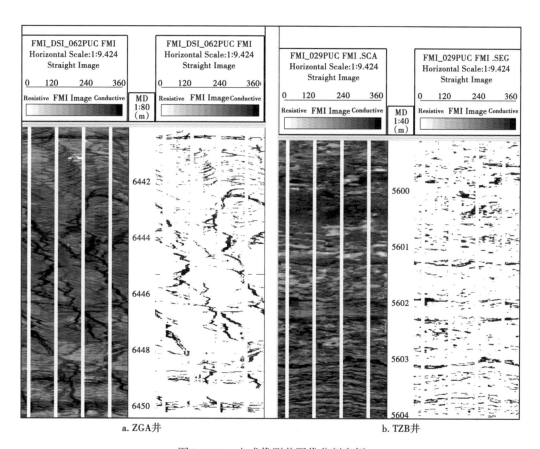

图 3-1-1　电成像测井图像分割实例

二、电成像图像裂缝孔洞参数计算

根据分割后的图像中目标边缘坐标可以计算分割出的溶孔及裂缝目标的长度、宽度、圆度（复杂度）等参数。

1. 裂缝孔洞的边缘标识

为了对电成像测井资料进行定量参数计算，需要从分割出的图像中求出目标边缘点序列。对边缘点列编码后，可以计算电成像测井图像中有意义的各种目标参数，如长度、宽度、周长、圆度等，进而利用这些参数作为中间结果来判断目标的形状。

边缘跟踪法可以提取图像目标的边缘点列，它的输入是二值图像，输出是目标边缘的方向链码。如图 3-1-2 所示，当目标是一个圆时，圆度达到最小值 1，但由于计算误差和单位问题（单位为像素），此值一般要比 1 大。如图 3-1-2 所示，从以上资料可以知道，2 号、4 号两个目标的圆度接近值 1，故可以将其归为"孔洞"，而 1 号、3 号目标的圆度较大，故可以将其归为"裂缝"。进一步分析，1 号目标的长宽较接近，但其圆度（有时也称为复杂度）较大，所以其图形形状一定较复杂。

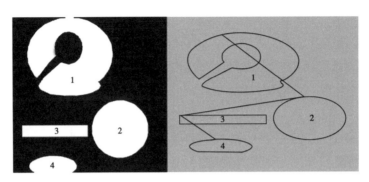

图 3-1-2　理想图像多目标拾取

对实际资料进行多目标边缘提取的效果如图 3-1-3 所示，第 1 道为原始电成像静态图像，第 2 道为深度道，第 3 道为分割后的图像；第 4 道为经图像边缘标记后的子图像，图像中所有目标的边界坐标已被准确地标识出来。

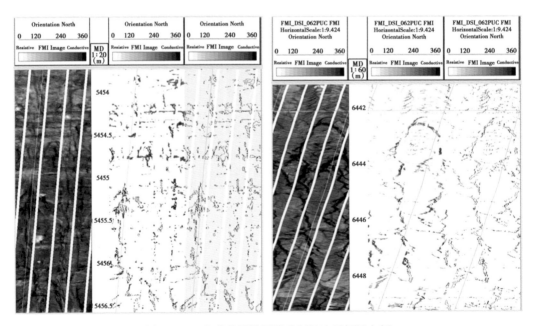

图 3-1-3　电成像测井图像分割及边界标识实例

2. 孔洞、裂缝形状参数的计算

1）孔洞、裂缝的面积（面孔率）

应用图像分割方法得到分割阈值 T 后就可以算出孔洞、裂缝的面积为：

$$A_{\text{目标面积}} = \sum_{f(x,\ y) > T} \text{Sing}(f(x,\ y)) \qquad (3-1-15)$$

式中，$A_{\text{目标面积}}$ 是目标面积。

有意义的目标（孔洞、裂缝）所占比例（面孔率）为 $\dfrac{A_{\text{目标面积}}}{\text{总面积}} \times 100\%$，$f(x,\ y)$ 是目标像素点的灰度值。

2）单目标的圆度（circularity）

在边缘跟踪算法执行的过程中可以同时求出一个单目标的周长，而在填充算法执行的过程中可以同时求出单目标的面积，然后利用公式：

$$\text{circularity} = \frac{\text{周长}^2}{4\pi \times \text{面积}} \qquad (3-1-16)$$

显然 circularity $\geqslant 1$，只有当目标是圆形时等号才成立，实际地层中绝对圆形的孔洞是不存在的，因此该值只能近似为 1。此参数可以用于识别单个目标是孔洞（circularity ≈ 1）还是裂缝（circularity $\gg 1$）以及刻画目标图形的复杂度。

3）单目标（孔洞、裂缝）长度 L

根据边缘跟踪算法得到目标的边缘集 Points，设 $a(x_1,\ y_1)$，$a(x_2,\ y_2)$ 是边缘上任意两点，则目标的长度定义为：

$$L = \max_{a(x_1,\ y_1),\ a(x_2,\ y_2) \in \text{Points}} \left[\sqrt{(x_2 - x_1)^2 + (y_2 - y_2)^2} \right] \qquad (3-1-17)$$

实际中应取 $L+1$，这就可以避免单像素点目标的长度为 0。这样定义的长度当目标为圆时是其直径；当目标为矩形时是其长对角线的长度，而不是矩形实际的长度；当为复杂图形时，是其边界点集当中两点间距离的最大值。

4）单目标（孔洞、裂缝）宽度 W

单目标（孔洞、裂缝）宽度定义为边缘上垂直于长度的一组直线 O_1O_1，O_2O_2，O_3O_3，……中距离最大的直线长度（图 3-1-4）。当求得长度 L 后，W 有一个将二维运算变为一维运算的有效算法。

设长径与图像的 X 的夹角为 θ：

$$\theta_0 = \arctan \frac{y_c - y_s}{x_c - x_s} \qquad (3-1-18)$$

式中，$(x_s,\ y_s)$ 为长径始点坐标；$(x_c,\ y_c)$ 为长径终点坐标。

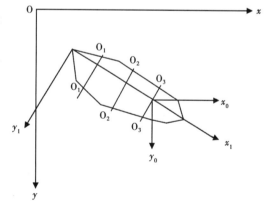

图 3-1-4 宽度计算坐标变换示意图

取一个新的坐标系，其 X 轴沿目标的长度方向。像素在新的坐标系中可表示为：

$$x_1 = r\cos(\theta - \theta_0)$$
$$= r(\cos\theta\cos\theta_0 + \sin\theta\sin\theta_0)$$
$$= r[(x - x_s)/(r\cos\theta_0) + (y - y_s)/(r\sin\theta_0)]$$

$$= (x - x_s)\cos\theta_0 + (y - y_0)\sin\theta_0$$

$$y_1 = r\sin(\theta - \theta_0) \qquad\qquad (3-1-19)$$

$$= r(\sin\theta\cos\theta_0 - \cos\theta\sin\theta_0)$$

$$= (y - y_s)\cos\theta_0 - (x - x_s)\sin\theta_0$$

式中，(x_1, y_1) 为 (x, y) 在坐标变换后的坐标。

在新坐标系中，目标的宽度就很好计算了。

综合上述计算方法，对 TZC 井、ZGD 井电成像数据进行了定量刻画，如图 3-1-5 所示，第 1 道为深度，第 2 道、第 3 道分别为分割前后的电成像测井图像，第 4 道从左往右依次是平均长度、平均宽度、面孔隙度；第 5 道是平均圆度和总孔隙度。

TZC 井 4680～4696m 井段发育裂缝，分割出的裂缝图像呈明显的正弦曲线；平均长度在 2～3 个像素点，平均宽度在 8～30 个像素点，面孔率在 8% 左右；平均圆度上半部分在 1～5，下半部分在 1～3.5。ZGD 井 5865～5876m 井段发育溶蚀孔洞，处理的平均长度和平均宽度变化不大，分别在 2 个像素点左右和 10 个像素点左右；面孔率在 9% 左右；平均圆度在 1 左右。

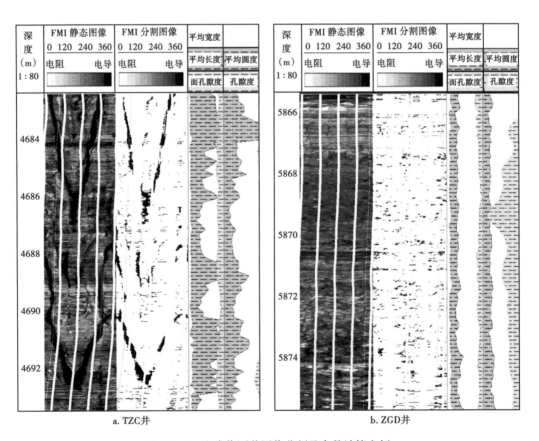

图 3-1-5　电成像测井图像分割及参数计算实例

第二节 电成像孔隙度谱特征提取与分析

由于电成像测井本质上是一种电性测井方法，因此可以通过阿尔奇公式将纽扣电极电阻率转换成孔隙度，通过对一定深度窗长内每个纽扣电极的孔隙度进行直方图统计，便可以得到电成像孔隙度谱。通过对孔隙谱的研究表明，电成像孔隙谱的均值和方差可以很好地反映储层的储集性能和连通性能。

一、电成像孔隙谱的物理意义与计算方法

一般而言，在不考虑泥质和导电矿物等高导矿物影响的前提下，高渗透储层电阻率相对较低，成像图颜色深，为暗线、暗斑或暗块组合特征，斑块的外包络线与孔洞缝的结构特征一致。低渗区电阻率相对较高，成像图颜色浅，为亮块状特征，因此可以通过电成像电阻率的高低表征储层有效性。

电成像测井评价储层有效性的关键是要计算出孔隙度谱，即将成像测井的电导率图像转换为孔隙度图像，其转换桥梁为阿尔奇公式。计算成像测井孔隙度分布的阿尔奇公式形式如下：

$$S_w^n = abR_{mf} / (\phi^m R_t) \tag{3-2-1}$$

电成像测井的探测深度较浅，经浅侧向电阻率刻度过的电成像基本只反映井壁附近冲洗带的电导率图像。故应满足冲洗带的阿尔奇公式：

$$S_{xo}^n = abR_{mf} / (\phi^m R_{xo}) \tag{3-2-2}$$

近似假定 $S_{xo} = 1$，$b = 1$，$n = 2$，式（3-2-2）变为：

$$\phi^m = aR_{mf} / (S_{xo}^2 R_{xo}) \tag{3-2-3}$$

由式（3-2-3）可以计算得到每个电极纽扣电导率转换成孔隙度的公式：

$$\phi_i = \left[(aR_{mf}/S_w^n) C_i \right]^{1/m} = \left[(aR_{mf}/S_{xo}^n R_{xo}) R_{xo} C_i \right]^{1/m} = (\phi^m R_{xo} C_i)^{1/m} \tag{3-2-4}$$

式中，ϕ_i 为计算的电导率像素的孔隙度，pu；a 为地层因数系数；R_{mf} 为钻井液滤液电阻率，$\Omega \cdot m$；S_{xo} 为冲洗带含水饱和度，pu；n 为饱和度指数；C_i 为电成像电极电导率，S；m 为胶结指数；R_{xo} 为冲洗带电阻率，$\Omega \cdot m$。

m 是计算孔隙度的关键变量之一，不同岩石的 m 受导电网络结构的影响不同。对于多重孔隙介质的碳酸盐岩，m 的影响因素更为复杂，关于 m 的确定，国内外许多学者建立了不同孔隙类型的计算图版，但在图像处理中通常依据本地区岩石物理实验规律做简洁化处理。

利用成像测井电导率生成的孔隙度图像，经过图像处理技术，才能最终形成孔隙度图像。处理方法是根据目标区储层成像测井图像特征，先确定电阻率背景值（基值），根据基值将图像分为高导点、高导块和高阻点、高阻块。采用计算机图像处理技术，进行孔隙图像拾取（图3-2-1）。

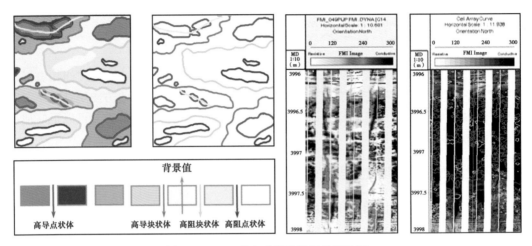

图 3-2-1　SS 井电成像孔隙图像拾取图

　　图像拾取后，就可以计算孔隙度谱，其原理如图 3-2-2 所示，选取一个图像窗口，常取 1.2in（3.048cm），用式（3-2-4）计算每个成像测井像素点的孔隙度大小，统计该窗口内不同区间的孔隙度贡献份额（即频数），绘制孔隙度值的统计分布图（孔隙度频率分布曲线），从而了解该窗口对应地层中的孔隙度分布情况。

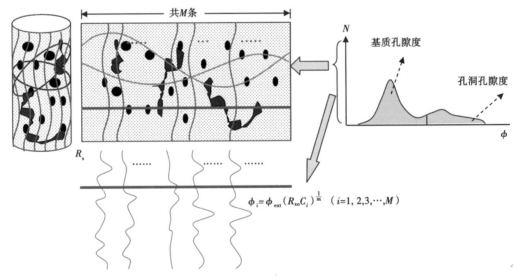

$$\phi_i = \phi_{ext}(R_{xo}C_i)^{\frac{1}{m}} \quad (i=1,2,3,\cdots,M)$$

图 3-2-2　电成像测井资料计算孔隙度分布示意图

　　根据谱的形态，可以知道该窗口对应的地层中孔隙度大小的分布情况。当地层中主要发育原生孔隙时，孔隙度分布图上峰向左偏；当地层中主要发育次生孔隙时，孔隙度分布图上峰向右偏。地层中孔隙类型的多少不同，孔隙谱分布状况是不同的。当地层中孔隙大小较均匀时，孔隙谱为单峰，当地层中孔隙变化较大时，孔隙谱为双峰，当地层中不同孔径的孔隙分布较均匀时，即各孔径段的孔隙在地层中都有分布时，直方图上的峰值就较低，且比较宽。随着次生孔隙在总孔隙中比重的增加，右边峰的高度将逐渐增高（图 3-2-3）。

成像测井图像	孔隙度谱	特征描述
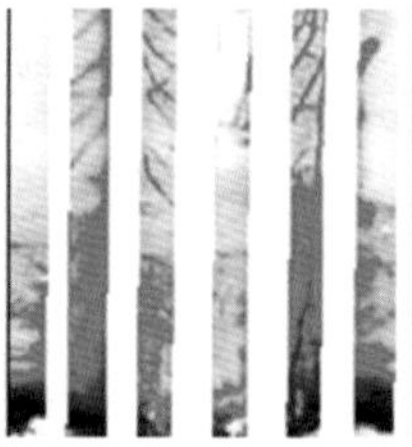		孔隙分布均匀，次生孔隙不发育，表现为窄的单峰
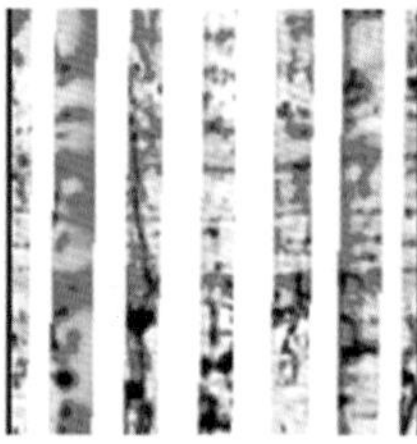	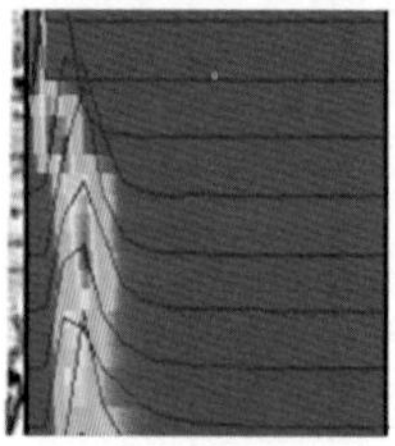	孔隙分布均匀，有一定次生孔隙发育，表现为后移的单峰
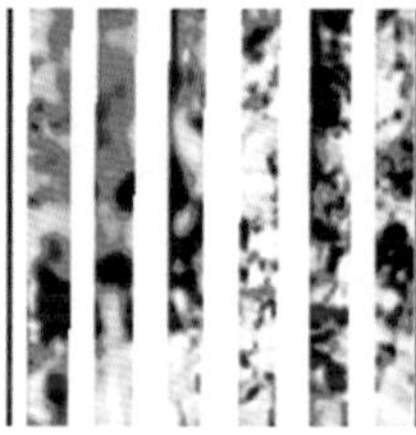	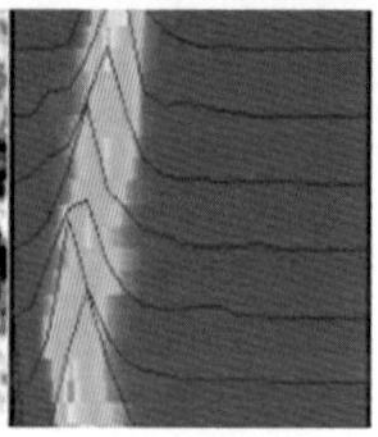	孔隙分布不均匀，次生孔隙发育，有孔径较大的孔隙，谱峰的高度增加，谱峰宽度增加
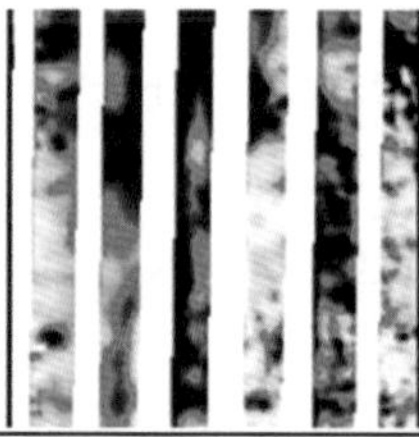	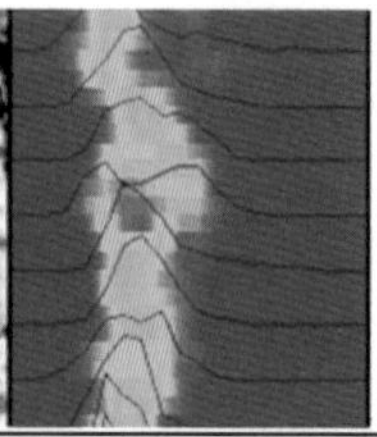	孔隙分布不均匀，次生孔隙发育，孔隙孔径变化范围大，表现为多峰，谱峰较低

图 3-2-3　电成像测井资料计算孔隙度分布示意图

　　由此可知，孔隙度分布图上不同孔隙度值位置峰值的高低主要取决于不同孔径的孔隙在地层中所占比例的大小；峰的宽窄表示不同孔径的孔隙在地层中的分布是否均匀。若地层孔隙大小均匀，则分布较窄，反之较宽。

　　对于大孔隙发育的地层，溶蚀缝洞处的局部电导率值要较其他地方大得多，因而计算的像素孔隙度较大。于是，若某个像素点计算的孔隙度较大，表明该像素值所在的井壁位置为次生溶孔或溶蚀裂缝。反之，若某个像素点计算的孔隙度较小，则表明该像素点处次生溶孔不发育。这样，孔隙度分布图就表征了地层中一定窗长范围内孔隙度大小的分布情况。由孔隙度的分布情况就可推测地层中溶蚀孔洞、裂缝视尺度的大小，从而对储层评价提供依据。如图 3-2-4 所示，储层段 3603～3606m 孔隙谱分布范围宽、谱峰幅度高，表明该段次生孔隙发育，不同大小孔径的孔隙均有分布，且分布不均匀，大孔径孔隙占有较大比例，且孔隙之间连通性好，表明储层有较好的储集能力和渗流能力。

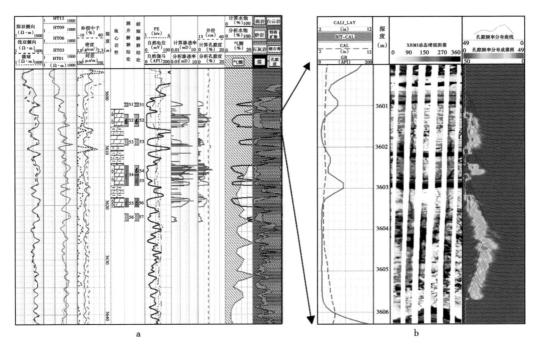

图 3-2-4　SHE 井 3600~3606m 井段成像测井孔隙谱计算成果图

二、电成像孔隙度谱的特征参数

孔隙度谱形态包括谱峰的数量、位置、宽窄等，能够反映孔隙的分布特征和储层的非均质性（图 3-2-5），其特征参数为：

最小孔隙度 POR_MIN：经过孔隙度刻度后，在统计窗长（3.048cm）内每一深度点上最小孔隙度之和的平均值；

最大孔隙度 POR_MAX：经过孔隙度刻度后，在统计窗长（3.048cm）内每一深度点上最大孔隙度之和的平均值；

POR_20：表示在某一深度点上经过孔隙度刻度后，将每个电扣点的孔隙度由小到大排列，从小到大开始统计，当统计的点数占该深度点上总点数的 20% 时对应的孔隙度值。

不同大、小孔径的孔隙值的分布，可分为不同的百分比（20%，40%，60%，80%），将孔隙度频率值转变为图像，可直观地看出孔隙的分布：频率越高，密度越大，对孔隙度的贡献也就越大。若处理出的频率分布图只有一个峰，说明仅发育原生孔隙。峰值带的宽窄则反映非均质性的强弱，峰值带宽说明非均质性强，反之亦然。

储层的优劣，主要表现在储层的储集性能和连通性能上。碳酸盐岩储层的特殊性在于非均质性强，尤其是缝洞型储层，储层的渗透率不依赖于孔隙度的大小，而是取决于孔洞缝的搭配关系。

为了表征储层的非均质性，可对孔隙谱做进一步分析计算，求取视平均总孔隙度，与常规测井解释计算的孔隙度相比，孔隙度谱平均总孔隙度具有较高的纵向分辨率，常规总孔隙度具有平均效应，所以对条带状不均匀地层，孔隙度谱平均总孔隙度可准确反映垂向孔隙度的变化。

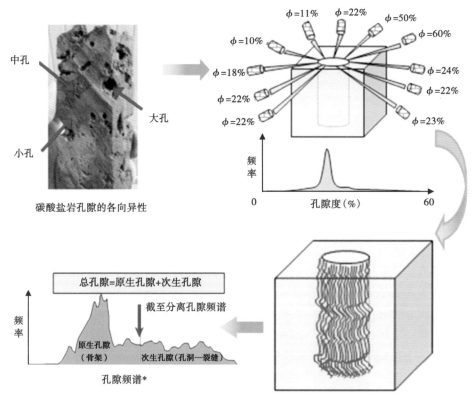

图 3-2-5　储层非均质性与孔隙谱分布示意图

反映储层非均质性的另一组参数为井周视孔隙度非均质性参数，包括视孔隙度变异系数、视孔隙度突进系数和视孔隙度级差。

视孔隙度变异系数为视井周孔隙度标准偏差与视平均孔隙度的级差。视孔隙度突进系数是井周最大孔隙度与平均孔隙度的比值。视孔隙度级差表示井周最大孔隙度与最小孔隙度的比值。井周非均质性参数曲线通过井周切向孔隙度的变化参数反映储层的径向非均质性。

三、电成像测井孔隙谱与储层有效性关系

如前所述，储层的有效性主要为储层的储集性能和连通性能。通过对孔隙谱的研究表明，最能反映这两个特征的参数为孔隙谱均值和孔隙谱方差。

在电成像测井孔隙度谱计算结果的基础上，引入均值表达孔隙度分布谱中主峰偏离基线的程度，用方差（二阶矩）表达孔隙度分布谱的谱形变化（分散性），用孔隙度分布比表示大于某一孔隙度 ϕ_c 的电成像像素孔隙度占所有像素孔隙度的份额。一个深度点孔隙度分布谱均值、孔隙度分布谱方差和孔隙度分布比分别可以用下三式计算：

$$\overline{\phi} = \sum_{i=1}^{n}(\phi_i P_{\phi_i})/\sum_{i=1}^{n}P_{\phi_i} \tag{3-2-5}$$

61

$$\sigma_\phi = \sqrt{\dfrac{\sum\limits_{i=1}^{n} P_{\phi_i}\left[\phi_i - \overline{\phi}\right]^2}{\sum\limits_{i=1}^{n} P_{\phi_i}}} \tag{3-2-6}$$

$$K = \sum_{i=\phi_c}^{n} P_{\phi_i} \Big/ \sum_{i=0}^{n} P_{\phi_i} \tag{3-2-7}$$

式中，$\overline{\phi}$ 是电成像像素的孔隙度均值，pu；ϕ_i 是据（式3-2-4）式计算的电成像像素的孔隙度，pu；ϕ_c 是某一固定的像素孔隙度值，pu，不同的碳酸盐岩储层其取值不同；P_{ϕ_i} 是相应孔隙度的频数（像素点数）；σ_ϕ 是孔隙度分布谱方差，无量纲；$\sum\limits_{i=10}^{n} P_{\phi_i}$ 是电成像像素的孔隙度 $\phi_i > \phi_c$ 的频数（像素点数）；n 是孔隙度份额，采用千分孔隙度，取值范围为 $0 \sim 1000$；K 是孔隙度分布比，无量纲。

根据上述方法计算结果，提出在由孔隙度谱均值和方差构成的二维平面上进行储层有效性评价，其中 X 坐标表示孔隙度谱均值，Y 坐标表示孔隙度谱形变化的方差参数，在此基础上提出了4区间分类方法。如图3-2-6所示，以孔隙度谱均值0.3和10为储层下限可以将储层划分为四类：I区储层大多为干层；II区储层为差储层，建议进行酸化措施；III区为自然产能区；IV区为差储层，建议采取压裂措施。

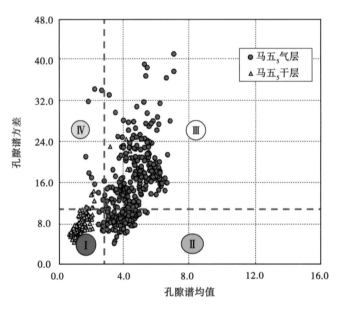

图 3-2-6　孔隙谱储层有效性识别图版

在二维平面进行储层有效性识别的基础上，增加孔隙分布比作为第三维信息，这样就从孔隙度谱主峰偏离基线的程度、谱形变化和孔隙分布比三个方面对孔隙谱进行了全方位的定量刻画，具有重要的工程意义。

这样就可以利用孔隙度谱均值、方差和孔隙度分布比三参数进行储层有效性综合识别，对非产层、自然产层及需要一定工程技术后能达到产层标准的4区域进行了详细的阐述。样本点落在Ⅰ区表明该储层段孔隙度成分较小或无大孔隙沟通、谱形变化小，储层大多为干层，即使采取酸化、压裂措施效果也不明显；样本点落在Ⅱ区表明该储层段有大的孔隙成分，但连通性不好，因此建议进行酸化措施沟通不同的孔隙空间；样本点落在Ⅲ区表明该储层段不仅有大的孔隙度成分，而且连通效果也比较好，即使不采取酸化压裂措施，也能形成有效的自然产能；样本点落在Ⅳ区，表明虽然该储层段总孔隙度较小，但含有大的孔隙成分存在，在采取压裂措施的情况下，可以改善储层的连通性，形成有效产层。

与以往进行储层有效性识别的直接或者间接技术方法相比，上述方法具有两个显著特点：（1）立足现有成熟的测井系列，在技术上易于实现；（2）提出的三参数储层有效性识别技术是将电成像测井计算获得的孔隙度谱信息进行深入挖掘，定量计算出了能够表征孔隙谱谱形变化的均值和方差参数，并与孔隙度分布比信息有机结合在一起，共同实现储层有效性的识别，对于油田开发具有较高的工程应用价值。

如图 3-2-7 所示，第 5 道为电成像测井孔隙度分布谱，第 6 道为不同大小的孔隙所占比例，第 7 道为孔隙谱均值，第 8 道为孔隙谱方差，通过孔隙度谱均值和方差可以很好地进行储层识别和有效性评价。如图 3-2-8 所示，孔隙谱均值和变异系数交会点在Ⅰ区和Ⅲ区占有很大优势，说明储层具有好的储集性和连通性，在马五$_{1+2}$段试气获 $84 \times 10^{4} \mathrm{m}^{3} / \mathrm{d}$ 高产工业气流。

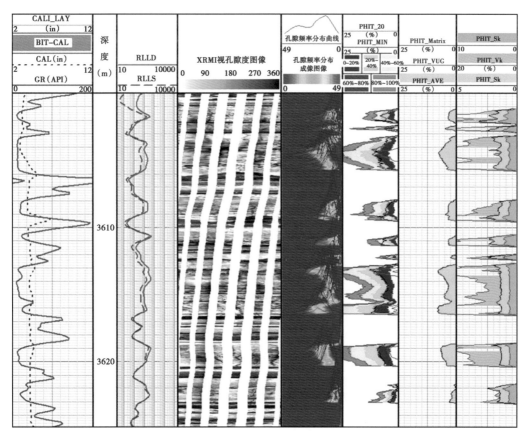

图 3-2-7　SHF 井储层有效性综合识别成果图

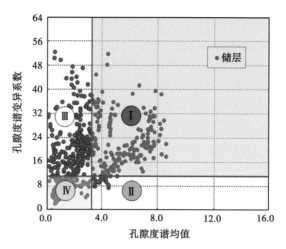

图 3-2-8 SHF 井马五$_{1+2}$段孔隙度谱均值与变异系数交会图

第三节 核磁共振测井伪毛管压力曲线表征方法

根据核磁共振测井响应机理及毛管压力理论，T_2 谱与毛管压力曲线之间存在一定的转换关系，可直接将 T_2 数据转换为伪毛管压力数据。在计算的伪毛管压力基础上，再计算孔喉半径、孔隙喉道均值、分选系数等参数，从而通过核磁共振测井孔隙结构参数评价储层有效性。

一、转换模型建立

实验数据表明，大孔、中孔、小孔进汞饱和度与伪毛细管压力曲线间的转换关系是不同的，需要采用分段刻度，但是考虑分辨率和实用性等因素的影响，又不能将其分得过细。对于高孔渗储层，采用分段差分面积法将 T_2 谱幅度换算为进汞饱和度增量取得较好的应用效果。对于低孔渗储层，这种转换方法误差较大，而相似对比法则可以较好地解决这一问题。为此，借鉴分段差分面积法和相似对比法各自的优点，发展了一套新的转换方法。即给定一个孔隙度门槛值 ϕ_0，当核磁共振有效孔隙度 $\phi > \phi_0$ 时，采用分段差分面积法，反之，采用相似对比法。

结合四川盆地龙王庙组岩心核磁共振、压汞配套实验数据，可以确定 T_2 谱数据与压汞毛管压力之间转换系数，据具体计算步骤如下：

（1）求解最优横向转换系数 C 与纵向转换系数 D。

横向转换系数 C 定义为压汞毛管压力 p_c 与 T_2 之间转化系数，其转换关系式如下：

$$p_c = C \frac{1}{T_2} \tag{3-3-1}$$

式中，p_c 为进汞压力，MPa；C 为横向转换系数，MPa·ms。

D 为压汞进汞饱和度与 T_2 谱面积（核磁共振区间孔隙度）之间的比值，根据 T_2 截止值 $T_{2\text{cutoff}}$ 概念，采用分段刻度的方法，可进一步把 D 划分为小孔径部分转换系数 D_1 和大孔径部分转换系数 D_2，其计算公式如下：

$$D_1 = \sum_{j=M_1}^{N_1} S_{\text{Hg}_{\text{Core}}}(j) \Big/ \sum_{i=1}^{M} A_{\text{m},i} \qquad (3\text{-}3\text{-}2)$$

$$D_2 = \sum_{j=1}^{M_1} S_{\text{Hg}_{\text{Core}}}(j) \Big/ \sum_{i=M}^{N} A_{\text{m},i} \qquad (3\text{-}3\text{-}3)$$

式中，D_1 为纵向小孔径部分转换系数，无量纲；D_2 为纵向大孔径部分转换系数，无量纲；$S_{\text{Hg}_{\text{Core}}}(j)$ 为压汞曲线第 j 个分量的累计进汞饱和度，%；N 为压汞曲线总分量个数；$A_{\text{m},i}$ 为 T_2 谱经横向刻度转换后的伪毛管压力曲线第 i 个分量幅度，%；M 为孔径尺寸分界点处对应的压汞分量数。

图 3-3-1 为单块岩心样品 T_2 谱与压汞毛管压力曲线纵横向转换系数求取示意图。当给定任意一个 C 值，由累计 T_2 谱经过纵横向系数转换得到的伪毛管压力曲线与岩心毛管压力曲线，欲求 C 的最优解，若利用分段等面积法，则是求两曲线所夹面积（阴影部分面积）最小，若利用相似对比法，则是求两条曲线相关系数最大。采用相应的数值计算方法均可得到 C 的最优解，并同时得到对应 D_1、D_2 的最优解。

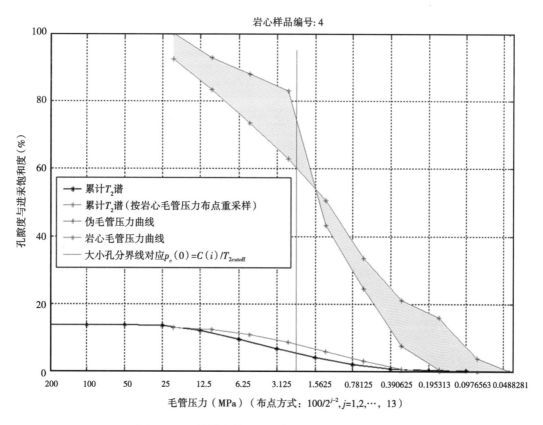

图 3-3-1　纵横向转换系数求解过程（固定 $C=100$）

（2）建立 C、D_1、D_2 与核磁共振渗透率、孔隙度之间回归关系。

利用上述方法可以得到每块岩心样品纵横向转换系数，采用统计分析的方法，就可以建立了 C、D_1、D_2 与核磁共振渗透率、孔隙度之间回归关系，利用这些关系式，就可对核磁共振测井资料所有深度点的伪毛管压力曲线进行计算：

$$C = f_1(K, \phi_e) \tag{3-3-4}$$

$$D_1 = f_2(K, \phi_e) \tag{3-3-5}$$

$$D_2 = f_3(K, \phi_e) \tag{3-3-6}$$

式中，K 为核磁共振渗透率，mD；ϕ_e 为孔隙度。

（3）孔隙结构参数计算。

得到伪毛管压力曲线后，就可以进一步计算孔隙结构参数，如最大孔喉半径 r_{max}（μm）、排驱压力 p_{th}（MPa）、孔喉加权均值 r_{avg}（μm）、饱和度中值压力 p_{50}（MPa）、饱和度中值半径 R_{50}（μm）等：

$$r_{max} = \frac{r_{(i)} \Delta S_{Hg(i)} + r_{(i-1)} \Delta S_{Hg(i-1)}}{S_{Hg(i)} + \Delta S_{Hg(i-1)}} \tag{3-3-7}$$

$$p_{th} = \frac{0.735}{r_{max}} \tag{3-3-8}$$

$$r_{avg} = \frac{\sum_{i=1}^{13} r_{(i)} \Delta S_{Hg(i)}}{\sum_{i=1}^{13} \Delta S_{Hg(i)}} \tag{3-3-9}$$

$$p_{50} = \frac{p_{c(i+1)} - p_{c(i)}}{S_{Hg(i+1)} - S_{Hg(i)}} (50 - S_{Hg(i)}) + p_{c(i)} \tag{3-3-10}$$

$$R_{50} = \frac{0.735}{p_{50}} \tag{3-3-11}$$

式中，$\Delta S_{Hg(i)}$ 为伪毛管压力曲线第 i 个分量的进汞饱和度，%；$S_{Hg(i)}$ 为伪毛管压力曲线第 i 个分量的累计进汞饱和度，%；$r_{(i)}$ 为第 i 个孔喉半径分量，μm；$p_{c(i)}$ 为第 i 个分量的毛管压力。

二、评价方法

利用上述处理技术对 T_2 谱进行了伪毛管压力曲线转换，并同时计算了排驱压力、饱和度中值压力、饱和度中值半径、最大孔喉半径、孔喉加权均值等孔隙结构特征参数。

图 3-3-2 为四川盆地 MXG 井龙王庙组核磁共振测井孔隙结构参数反演与岩心实验数据对比成果图。从图中可以看出，测井计算的孔喉中值半径、中值压力与岩心分析结果具有很好的一致性，测井计算结果基本反映了离散岩心实验数据包络线变化，经过统计分析，测井与岩心实验分析得到 p_{c50}、R_{c50} 绝对误差均小于 5%，能够满足测井解释评价的需求。

图 3-3-3 为已试气井测试产量与核磁测井计算孔喉半径加权均值关系图。从图中可以看出，两者之间具有很好的正相关性，即孔喉半径加权均值越大，测试产量越高。根据龙王

庙组工业气井产量下限标准（日产气 $2\times10^4\mathrm{m}^3$），可以确定孔喉半径加权均值大于 $0.4\mu\mathrm{m}$ 为有效储层下限。

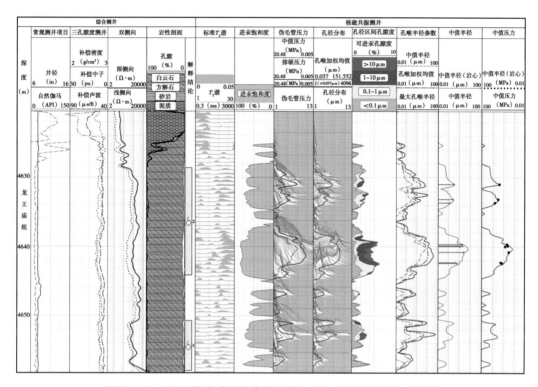

图 3-3-2　MXG 井孔隙结构参数反演与岩心实验数据对比成果图

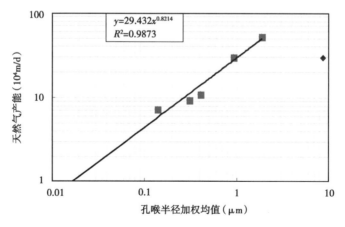

图 3-3-3　孔喉半径加权均值与产能之间关系

　　图 3-3-4 为 MXH 井龙王庙组核磁共振测井孔隙结构评价成果图。从图中可以看出，深度段 4601～4610m 的核磁共振有效孔隙度为 4.4%，测井计算孔喉半径加权均值为 $0.3\mu\mathrm{m}$，最大孔喉半径为 $5.4\mu\mathrm{m}$，符合有效储层解释标准，对该井段酸化压裂试气，日产气 $7.27\times10^4\mathrm{m}^3$，测试结论为气层。

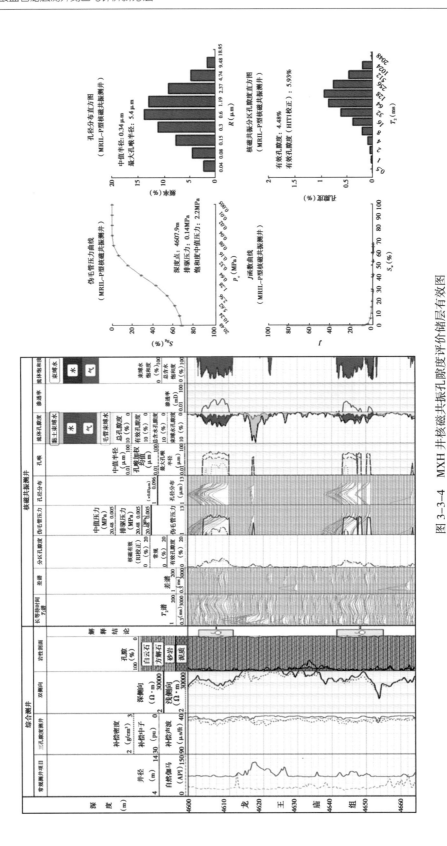

图 3-3-4　MXH 井核磁共振孔隙度评价储层有效图

第四节　横波频谱裂缝有效性分析

声波扫描仪有 13 个间隔 6in 的接收器，每个接收器上有 8 个不同方位的检波器，共有 104 个接收器，信号频率覆盖 900~9000Hz，对 X 轴和 Y 轴方向均有信号发射补偿，其涵盖了低频单极子（300Hz）、高频单极子、近源单极子和远源单极子发射，因此测量结果可以进行声速频率分析，进而判断地层各向异性类型（应力导致的或者是裂缝、层面导致的），为地应力及裂缝有效性评价提供了新的技术手段。

一、基本原理

在复杂碳酸盐岩地层中，裂缝的发育程度是判别储层有效性及评价产能的重要指标，通常可以通过双侧向测井对裂缝进行定性识别，而成像测井可以对裂缝的发育程度及产状进行精细的分析和评价，但由于成像测井探测深度较浅，无法确定裂缝是否向地层中延伸，因此裂缝的有效性难以判断。声波扫描测井可以通过测量快、慢横波速度来确定地层各向异性程度，探测深度最深可到 4 倍井径，通过快慢横波频散图与成像测井观察到的诱导缝及天然裂缝联合分析可以确定各向异性是否由天然裂缝导致，进而确定裂缝是否向地层延伸即判别裂缝有效性。

声波扫描测井仪探测到的各向异性可能有不同的成因，主要有两种：一种是由泥岩中的水平层理或者地层中成组发育的裂缝导致的，声波扫描测井仪探测的快（红色）、慢（蓝色）横波平行分离，叫作均匀各向异性；另一种是由于水平方向的两个主应力的差别导致的，是地应力导致的，声波扫描仪探测的快（红色）、慢（蓝色）横波交叉，叫作非均匀各向异性，如图 3-4-1 所示。

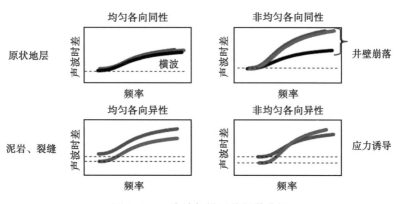

图 3-4-1　声波扫描测井频散分析

需要说明的是，声波扫描测井从声波角度来探测地层的各向异性，如果探测到的各向异性强，可能有两种情况：一是地层中有天然裂缝存在，导致声波扫描测井探测到的各向异性；二是由于水平方向的两向应力差，导致了各向异性，根据钻井时使用的钻井液密度不同，地层会有不同的变化，可能产生诱导缝，也可能产生井壁崩落，甚至是形成椭圆井眼，这些都可以导致声波扫描测井探测到声波各向异性。但是如果声波扫描测井探测到的各向异性弱，也有两种可能性：一是地层中水平方向两向应力差小；二是岩石太硬，对于应力差不敏感。尽管有水平方向上的两向应力差，声波测井仪器也探测不到。

二、评价方法

结合声波扫描测井和电成像测井，建立了裂缝有效性识别图版，如图 3-4-2 所示，从声波扫描频散图上可能看到的情况分为 9 类：

（1）如果切穿井眼的裂缝较为有效，那么在声波扫描测井的频散上就应该能看到快（红色）、慢（蓝色）横波平行分开，且在低频段分离量大，在电成像测井图像上观察到的裂缝以溶蚀加强缝和连续高导缝为主，声波各向异性高。

（2）如果切穿井眼的裂缝有效性一般，那么在声波扫描测井的频散上就应该能看到快（红色）、慢（蓝色）横波重合或平行，在低频段分离量很小，在电成像测井图像上可以观察到少量裂缝，以不连续高导缝为主，声波各向异性较低。

（3）如果没有裂缝切穿井眼，或者切穿井眼的裂缝有效性很差，那么在声波扫描测井的频散上就应该能看到快（红色）、慢（蓝色）横波几乎重合，在电成像测井图像无裂缝，或只能观察到少量连续高导缝，声波各向异性低。

（4）如果地层中有水平方向的两向应力差，且由于钻井液过重，导致井壁发生了钻井诱导缝，那么在声波扫描测井的频散上就应该能看到快（红色）、慢（蓝色）横波交叉，在电成像测井图像上应该能看到钻井诱导缝，声波各向异性高。

（5）如果地层中有天然裂缝切穿井眼，且裂缝较多，那么在声波扫描测井的频散上就应该能看到快（红色）、慢（蓝色）横波在低频部分平行分开，高频部分信号衰减，在电成像测井图像上应该能观察到裂缝，声波各向异性高。

（6）如果地层有天然裂缝切穿井眼，且地层中有水平方向的两向应力差，且由于钻井液过轻，导致井壁发生了崩落，甚至形成了椭圆井眼，那么在声波扫描测井的频散上就应该能看到快（红色）、慢（蓝色）横波在低频部分平行分开，高频部分慢（蓝色）横波信号衰减，或快（红色）、慢（蓝色）横波在高频部分均衰减掉，在电成像测井图像上应该能观察到裂缝和井壁破坏，声波各向异性高。

第7、第8、第9种情况较为类似，如果没有裂缝切穿井眼，或者切穿井眼的裂缝有效性很差，且地层中有两向应力差，由于钻井液过轻，导致井壁发生了崩落，甚至形成了椭圆井眼，那么在声波扫描测井的频散上就应该能看到快（红色）、慢（蓝色）横波在低频几乎重合，在高频部分或者是慢（蓝色）横波信号衰减，或者慢（蓝色）横波信号明显变慢，向上超出各向同性模型，在电成像测井图像上应该观察不到明显裂缝，井壁也有破坏，声波各向异性应较低。

四川盆地磨溪地区 MXI 井灯二段顶部声波扫描测井探测到了地层各向异性，横波频散图上可以看到快（红色）、慢（蓝色）横波平行分离，说明各向异性是由裂缝导致的。电成像测井图像上也观察到了高导缝发育，从而印证了 MXI 井灯二段顶部裂缝的存在，且这些裂缝是有效的，如图 3-4-3 所示。该种声波频散类型对应于图 3-4-2 中的第 1 种类型。MXI 井灯二段酸化压裂后试油产气 $11.67\times10^4\mathrm{m}^3/\mathrm{d}$，产水 $28.8\mathrm{m}^3/\mathrm{d}$，需要说明的是，该层段酸化压裂可能沟通了下部的水层，测试层段应该是气层。

在四川盆地探井 GTJ 井灯四段中部声波扫描测井探测到了地层的各向异性，在横波的

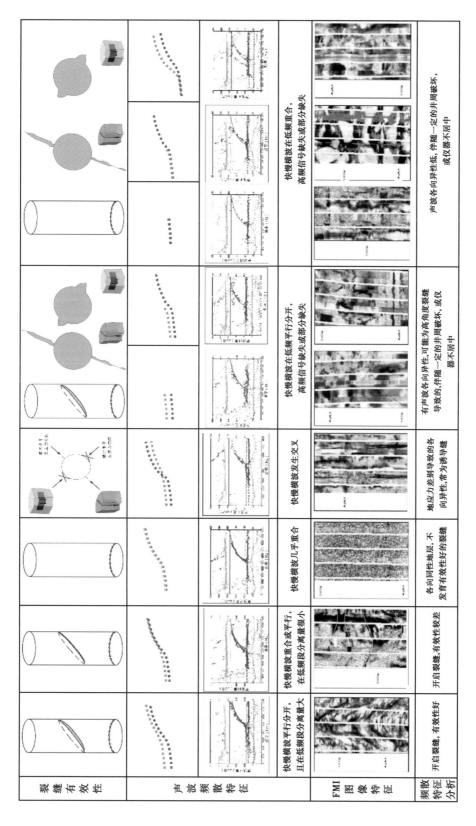

图 3—4—2　电成像结合横波频散判断裂缝有效性图版

频散图上可以看到,快(红色)、慢(蓝色)横波发生交叉,说明各向异性是由地应力差导致的。而电成像图像上也观察到了诱导缝发育,如图 3-4-4 所示。该种声波频散类型对应于图 3-4-2 中的第 4 种类型。

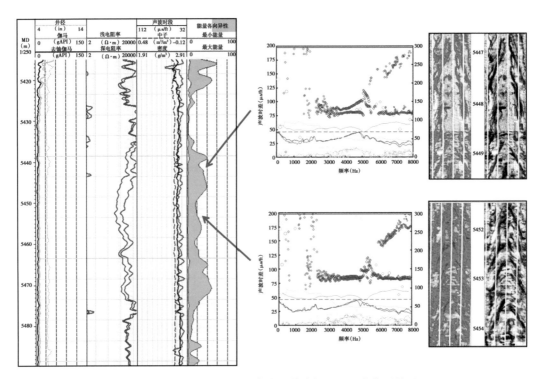

图 3-4-3 MXI 井灯二段横波频散分析图及电成像测井图

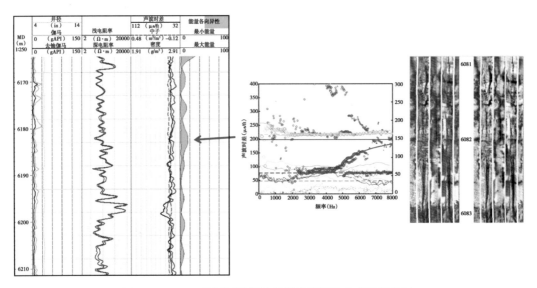

图 3-4-4 GTJ 井灯四段横波频散分析图及电成像测井图

第五节　斯通利波储层渗流性能评价

斯通利波在渗透性（或裂缝性）地层传播时发生衰减、反射和频散等现象，这些现象与地层的渗透性有关，是评价储层渗透性的有效手段之一。

斯通利波是沿井壁表面传播的面波，振动方向垂直于井壁。当井壁上存在溶蚀孔、洞、缝时，斯通利波慢度增大、能量衰减。地层渗透性越好，斯通利波衰减也就越显著。因此，可利用斯通利波能量衰减量表征储层的有效性。

一、能量归一化处理

为了更好地反应地层的渗透性，首先进行声波能量值的归一化，以消除非地层因素的影响。将某井斯通利波能量做直方图统计分析，选取最大值作为斯通利波能量的基值，将目的层段的斯通利波能量值分别除以基值，将得到的数值作为归一化后的斯通利波能量值。通过归一化处理后的能量值基本上消除了测井仪器或者测量方式不同造成的能量值的差别，从而将斯通利波能量值统一到 0~1。

斯通利波能量衰减的计算：

$$AST = （1-AMPST/AMPSTM）×100\% - （1-AMPST/AMPSTM）×100\%×V_{sh}$$

式中，AST 为作归一化和岩性校正的斯通利波能量衰减；AMPST 为斯通利波能量；AMPSTM 为致密层斯通利波能量（设为可变参数，隐含值 1000）；V_{sh} 为泥质含量。

$$ASTC = AST-67.683\ln（CAL-BIT）+476.33$$

式中，ASTC 为作井眼校正后的斯通利波能量衰减（校正图版如图 3-5-1a 所示）；ASTM 为致密层井眼增大时的斯通利波能量衰减；CAL 为井径；BIT 为钻头尺寸；CALM 为致密层井眼增大时的井径值。

通过能量值的归一化处理，同时作井眼校正，以消除非地层因素的影响，这样处理过的斯通利波能量衰减量就可以评价储层有效性。

二、评价标准

根据所有获工业气、低产以及微气井的斯通利波能量衰减分布情况，如图 3-5-1b 所示，微气井的斯通利波能量衰减主要分布在 0~10%，所有测试产工业气的井斯通利波能量衰减都在 10% 以上，高产井在 20% 以上。因此，可建立储层渗透性分级评价标准如下：

Ⅰ类渗透层：ASTC≥20%；

Ⅱ类渗透层：10%≤ASTC<20%；

Ⅲ类渗透层：ASTC<10%。

分类图版如图 3-5-1c 及如图 3-5-1d 所示。

图 3-5-2 为 GSK 井龙王庙组斯通利波能量衰减处理成果图，深度段 4520~4560m 成像测井显示孔洞、裂缝发育，斯通利波能量衰减量大于 20%，为Ⅰ类渗透层，对该井段酸化压裂试气，获 $100×10^4 m^3/d$ 级高产工业气。而 BL 井四个储层斯通利波能量衰减小于 10%，为Ⅲ类渗透层，对该储层段测试产微气和少量水，如图 3-5-3 所示。

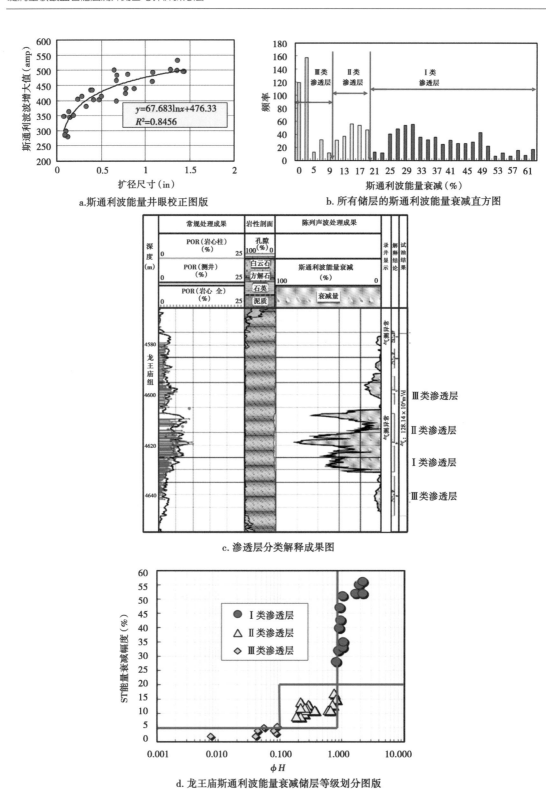

a.斯通利波能量井眼校正图版

b. 所有储层的斯通利波能量衰减直方图

c. 渗透层分类解释成果图

d. 龙王庙斯通利波能量衰减储层等级划分图版

图 3-5-1　龙王庙组储层斯通利波能量衰减分布及储层渗透性分级评价图

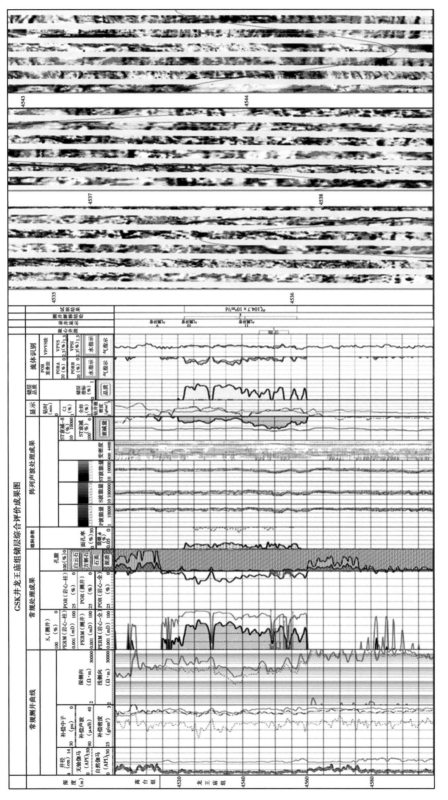

图 3-5-2　GSK 井斯通利波能量衰减评价储层有效性图

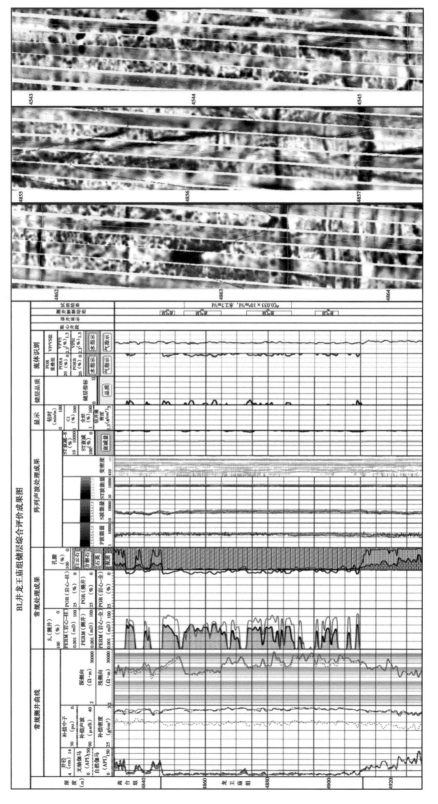

图 3-5-3　BL 井斯通利波能量衰减评价储层有效性图

第六节 含沥青储层有效性评价

国内很多油气田碳酸盐岩、碎屑岩储层中都发现含有沥青，例如四川盆地乐山—龙女寺古隆起下古生界—震旦系碳酸盐岩储层，塔里木盆地奥陶系碳酸盐岩和志留系、泥盆系碎屑岩储层等。从储层评价角度来看，沥青是占据孔隙空间的一种化学沉淀物，一方面降低了储层有效储集空间，另一方面在喉道特别是狭窄喉道处形成堵塞，降低储层渗透性，严重影响储层的物性及产能，进而导致测井评价出现失误。因此，如何从测井曲线上识别沥青并对其进行校正是准确评价含沥青储层的关键，对油气藏勘探开发具有重要的指导意义。

下面以四川盆地高石梯—磨溪地区寒武系龙王庙组富含沥青的白云岩储层为例，展开含沥青储层的有效性评价。

一、岩石物理实验

选取 23 块四川盆地龙王庙组富含沥青的岩心样品，进行沥青溶解前后常规物性、声波时差、电阻率及核磁共振等实验对比分析，为利用测井资料识别及评价含沥青储层奠定基础。

1. 溶剂优选

岩心样品中沥青溶解程度直接影响实验分析效果，因此，溶剂的选取至关重要。龙王庙组沥青属于焦质沥青，成熟度高（$R_o>2.4\%$）、黏度大，溶解难度大。评价不同溶剂对焦质沥青的溶解效果可以看出：单纯溶剂对成熟度高的沥青溶解率低，溶解效果较差，而二硫化碳+N-甲基-2-吡咯烷酮的混合溶剂对焦质沥青溶解效果相对明显（图 3-6-1），本次实验将采用这种混合溶剂对沥青进行溶解。

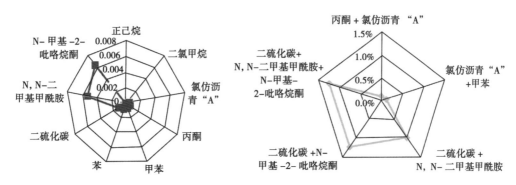

图 3-6-1 不同溶剂沥青溶解率对比图（溶解率=溶解物质重量/样品原始重量）

2. 沥青对储层物性、孔隙结构的影响

图 3-6-2 为 23 块岩心沥青溶解前后孔隙度、渗透率对比图，可以看出沥青溶解后岩心物性明显变好，孔隙度增加 0.25%~3.02%，平均增加 1.29%，增幅达 27%；渗透率增加 0.0025~0.092mD，平均增加 0.0374mD，增幅达 68.5%。由此可见，沥青会导致储层有效储集空间减小，渗透性变差，对储层物性影响较大。

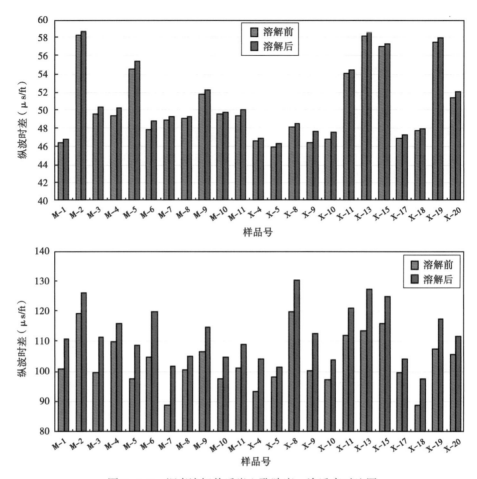

图 3-6-2　沥青溶解前后岩心孔隙度、渗透率对比图

　　图 3-6-3 为 M-6 号岩心样品沥青溶解前后核磁共振饱和 T_2 谱对比图，可以看出沥青溶解后岩心核磁共振饱和 T_2 谱向后移、T_2 增大。与此同时，在 T_2 大于 1000ms 时 T_2 谱幅度明显增加，而小于 1000ms 时 T_2 谱幅度则略有增加，表明孔径尺寸相对较大的溶孔、溶洞中部分或全部被沥青充填，有效储集空间孔径变小，孔隙结构变差，连通性变差，导致储层渗透性变差，影响储层产能。

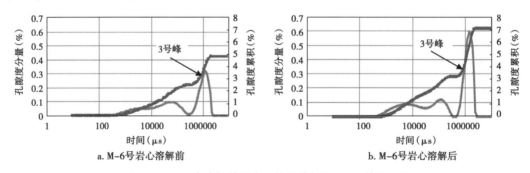

图 3-6-3　沥青溶解前后岩心核磁共振饱和 T_2 谱对比图

3. 测井响应特征分析

（1）T_2 谱特征。选用龙王庙组焦质沥青（R_o>2.4%）、野外露头沥青（R_o：1.6%～2.0%）及铺设马路中温沥青（R_o：0.8%～1.2%）等 3 种不同成熟度的沥青样品进行核磁共振实验并对实验参数进行优化，回波间隔采用 0.2ms，等待时间为 6s，扫描次数为256 次。如图 3-6-4 所示，T_2 一般小于 3ms，主峰小于 1ms，与黏土束缚水 T_2 值分布区间重叠；沥青成熟度越高，黏度越大，T_2 谱峰越靠前。因此，根据核磁共振测井孔隙度解释模型，核磁共振有效孔隙度（T_2>3ms）是不包含沥青信号，反映的是储层有效储集空间大小。

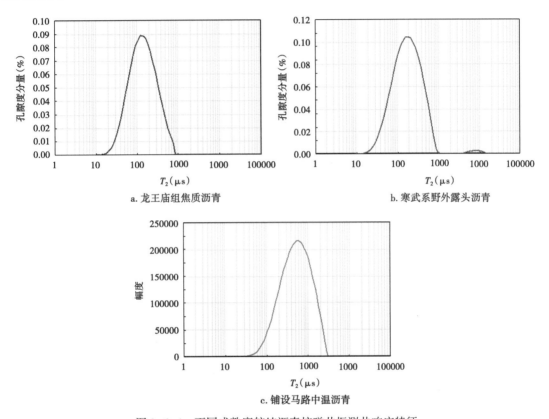

a. 龙王庙组焦质沥青　　　　　　　　　　b. 寒武系野外露头沥青

c. 铺设马路中温沥青

图 3-6-4　不同成熟度较纯沥青核磁共振测井响应特征

（2）沥青对纵横波时差影响。图 3-6-5 为 23 块岩心样品沥青溶解前后饱含水时纵波、横波时差对比图。可以看出沥青溶解后纵波时差、横波时差都会增大，其中纵波时差增大比例在 0.43%～2.61%，平均不到 1%，横波时差增大比例在 3.3%～14.2%，平均为 10%。由此可见，沥青对纵波时差影响较小，但对横波时差影响较大。实验表明纵波时差把沥青近似成孔隙流体的反映特征，而横波时差则把沥青近似成骨架的反映特征。

（3）沥青对密度、电阻率的影响。经实验室测量龙王庙组焦质沥青密度在 1.3g/cm³ 左右，介于流体与骨架密度之间，同时沥青属于不导电的碳氢化合物，电阻率很高，因此沥青对储层密度、电阻率影响较大。如图 3-6-5 所示，沥青溶解后密度降低 0.009～0.032g/cm³，密度降低幅度为 0.4%～1.2%，沥青溶解量越大，密度减低幅度就越大。与此同时，沥青溶解后

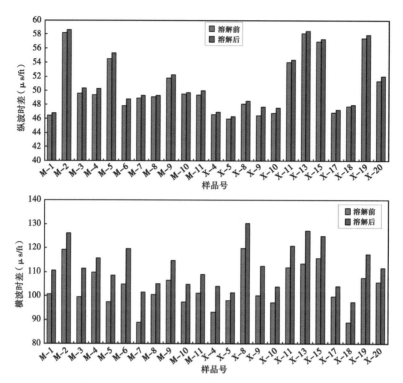

图 3-6-5　沥青溶解前后岩心纵波时差、横波时差对比图

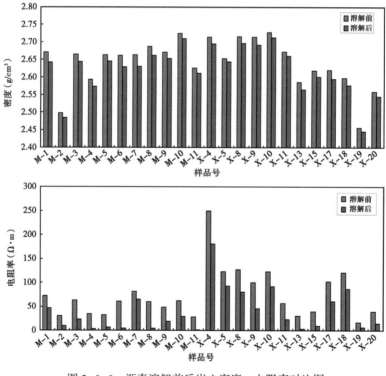

图 3-6-6　沥青溶解前后岩心密度、电阻率对比图

电阻率降低明显，电阻率降低范围为 $10\sim68.5\Omega\cdot m$，平均值为 $34.2\Omega\cdot m$。由此可见，沥青导致储层密度、电阻率增加，沥青含量越重，增加幅度越明显。

4. 综合分析

根据上述 23 块岩心样品沥青溶解前后密度、纵波时差、横波时差及电阻率实验对比分析可知，沥青对储层纵波时差影响较小，而对密度、横波时差、电阻率影响则较大。如图 3-6-7 所示，通过纵波时差与电阻率交会，纵波时差与横波时差交会可以较好识别沥青（图 3-6-7a、b），而横波时差与电阻率，密度与电阻率交会识别沥青质效果较差（图 3-6-7c、d）。

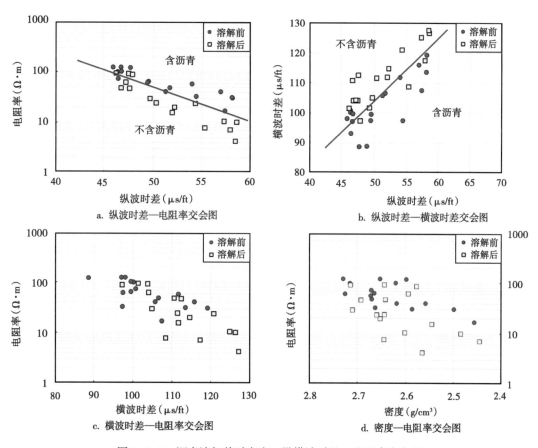

a. 纵波时差—电阻率交会图

b. 纵波时差—横波时差交会图

c. 横波时差—电阻率交会图

d. 密度—电阻率交会图

图 3-6-7 沥青溶解前后密度、纵横波时差、电阻率交会图

二、测井评价方法

基于岩石物理配套实验分析，在明确沥青对储层测井响应特征影响的基础上，利用常规测井与核磁共振测井资料相结合，建立了含沥青储层定性识别及定量评价方法。

1. 定性识别方法

根据常规测井资料，对比分析富含沥青储层段与不含沥青储层段纵波时差与电阻率之间关系（图 3-6-8），可以看出富含沥青储层段表现为电阻率随纵波时差增加而增加或基本保持不变，与正常气层段纵波时差与电阻率之间关系存在差异。因此，在纵波时差与电阻率关系图中拟合一条分界线，回归出分界线方程，利用纵波时差反算一条电阻率曲线，当实测电阻率值高于声波反算值，表明储层中富含沥青。

分界线方程：
$$R_{T\_ac} = b\mathrm{AC}^a \tag{3-6-1}$$

式中，R_{T_ac} 为纵波时差反算电阻率，$\Omega \cdot m$；AC 为总波时差，$\mu s/ft$；a，b 为常数。

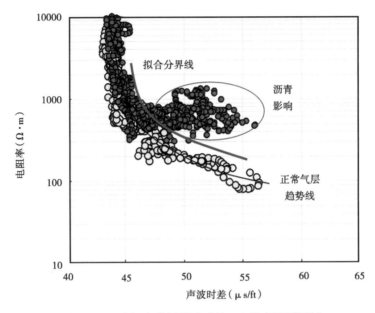

图 3-6-8　含沥青储层纵波时差—电阻率识别图版

图 3-6-9 为含沥青储层识别成果图，第 3 道为电阻率曲线道，当实测深电阻率值大于声波反算电阻率值时充填黑色，表示为富含沥青层段。可以看出，MXM 井龙王庙组深度段 4747~4786m 富含沥青，含沥青储层段识别结果与岩心薄片分析结果基本一致，进一步验证利用声波与电阻率交会识别含沥青储层是可行的。

2. 定量评价方法

根据岩石物理配套实验分析成果可知，基于常规测井资料孔隙度计算模型是把沥青当成了孔隙中流体的一部分，导致在富含沥青储层段，常规测井计算孔隙度偏高。而核磁共振测井孔隙度解释模型则把沥青当成了骨架或者黏土束缚水，因此核磁共振有效孔隙度（$T_2 >$ 3ms）基本上反映了地层中没有被沥青充填的有效孔隙度。由此可见，常规测井计算孔隙度与核磁共振分析孔隙度之差在一定程度上代表了储层中沥青含量大小。

图 3-6-10 为 MXN 井龙王庙组含沥青储层定量评价成果图，第 3 道为含沥青储层定性识别成果道，第 7、第 8 道为沥青定量分析成果道。可以看出，深度段 4750~4770m 为沥青富集层段，常规测井计算孔隙度与核磁共振有效孔隙度差异较大，计算沥青含量分布范围为 0.1%~3.6%，平均为 1.6%，沥青含量计算结果与岩性扫描测井分析有机碳含量一致性较好。常规测井解释该层段孔隙度达 4.4%，经沥青校正后，储层有效孔隙度仅为 2.8%，测井综合解释为差气层，对该段酸化压裂测试，日产气 576m³，试气结论与测井解释成果一致。

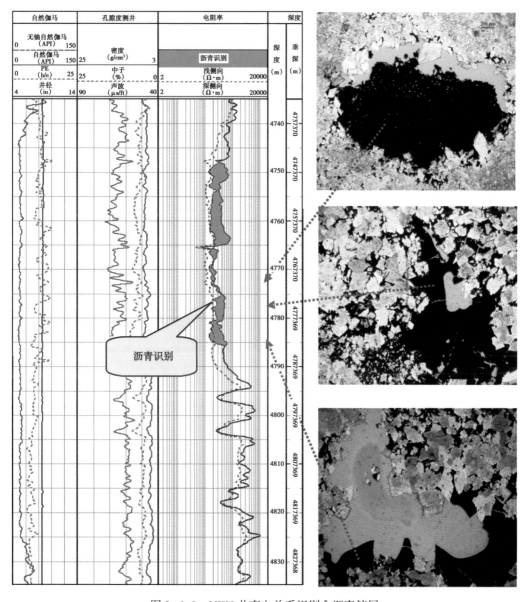

图 3-6-9 MXM 井声电关系识别含沥青储层

3. 沥青平面分布规律

利用上述方法对四川盆地高石梯—磨溪地区龙王庙组进行沥青定量估算，并结合有机质热演化时期龙王庙组古构造绘制沥青平面分布，如图 3-6-11 所示，龙王庙组沥青含量分布范围在 0.1%~3%，相对高石梯区块，磨溪主体及龙女寺区块储层沥青含量相对较高，其中以磨溪—龙女寺区块北翼磨溪 22 井—磨溪 103 井—磨溪 202 井—磨溪 16 井—磨溪 207 井—磨溪 29 井一带为沥青富集区。

83

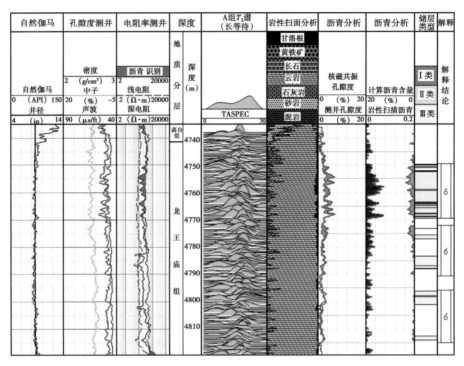

图 3-6-10　MXN 井龙王庙组含沥青储层定量评价

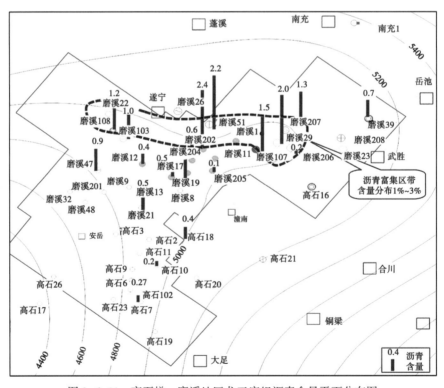

图 3-6-11　高石梯—磨溪地区龙王庙组沥青含量平面分布图

第七节　井旁缝洞储集体探测技术

由于测井仪器测量原理的限制，径向探测深度都较浅，而储层通常需要经酸化压裂改造才能获得工业产能，酸化压裂改造所波及的储层尺度范围可达井周几十米，由于测井探测尺度范围与试油改造尺度范围不对等，给测井评价结果检验带来一定困难。

远探测声波测井为克服常规测井探测范围的局限性提供了一种途径。远探测声波测井除测有通常的井中模式波（滑行纵波、滑行横波、导波及斯通利波）外，还测有声源辐射到井周外由非均质地质体反射的波，处理后可以了解离井筒较远处（如 10m 左右）缝洞体发育的信息。

一、基本原理

声波反射波测井以辐射到井筒外地层中的声场能量作为入射波，测量从井旁裂缝、断层或缝洞体反射回来的声场信息。通过探测器接收到的全波列信号，可以了解井旁介质与缝洞发育相关的信息。这种测井方法评价缝洞体的尺度介于传统的声波测井和地震勘探之间，距井眼径向深度在 10m 左右。

当位于仪器上的声源被激发时，其产生的声波按照传播方向分为两类：一类是直接沿井传播的波，即滑行纵波、滑行横波、导波以及斯通利波，即井中的模式波，这些都是井中常见的声波测井数据；另一类是声源辐射到井外的能量，在地层中被地质构造界面反射回井中，被仪器的接收器接收到的反射波，这些波在声波测井中被称为反射波。反射波的振幅比起井中的模式波来说通常要小得多（图 3-7-1）。

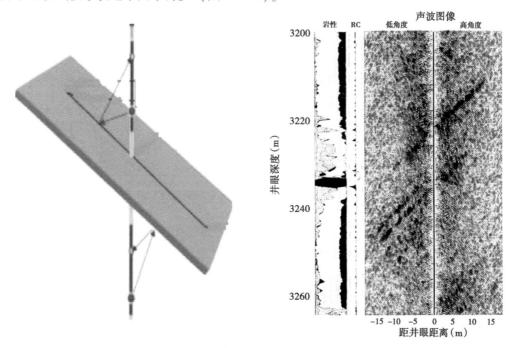

图 3-7-1　穿过井的地质构造成像示例

通过理论及实验研究，反射波成像测井主要是利用位于纵波和横波之间的纵波反射波或模式转换波信号来判断井外构造变化情况，即反射波只有在横波之前到达，并与纵波和横波明显分离时，才能被当作有用信号来处理。通过对仪器接收到的波列数据进行处理，得到反射波信息并直观地显示出来，为井旁缝洞型储层识别和评价提供依据。

二、典型响应图版及应用

根据反射体模型实验研究、数值模拟结果，分析、总结实际井远探测声波反射波响应特征，并结合电成像等测井资料的特征，建立不同储集空间类型的远探测声波反射波响应图版，为利用远探测声波测井资料进行井旁储集空间识别和评价提供依据。

（1）过井壁裂缝型储集空间。在远探测声波反射波成果图上显示上行波、下行波都比较明显，反映存在一组声阻抗界面，且在一条直线上，在电成像测井成果图上对应井段存在与井眼相交的裂缝，其反射波响应特征如图 3-7-2 所示。

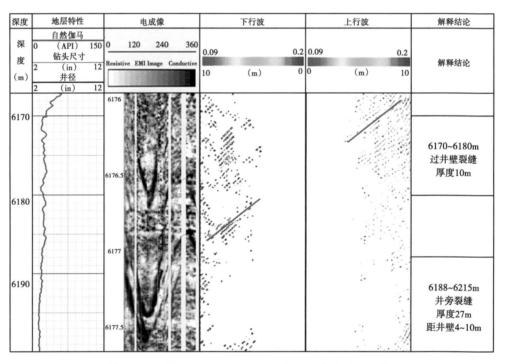

图 3-7-2　过井壁裂缝型储集空间反射波响应（YG0 井）

（2）井旁裂缝型储集空间。在远探测声波反射波成果图上显示较强的上行波、下行波信号，上行波、下行波为分布在距井壁 3m 外一定位置上的一组反射，呈条带状，在发育井旁裂缝地层的上下段电成像测井成果图上可能显示有伴生的过井壁裂缝，其反射波响应特征如图 3-7-3 所示。

（3）溶蚀孔洞或网状裂缝型储集空间。在远探测声波反射波成果图上显示上行波、下行波信号较明显，呈分散的斑点状或斑块状分布，无规则，在电成像测井成果图上对应井段一般有溶蚀孔洞或网状裂缝特征，其反射波响应特征如图 3-7-4 所示。

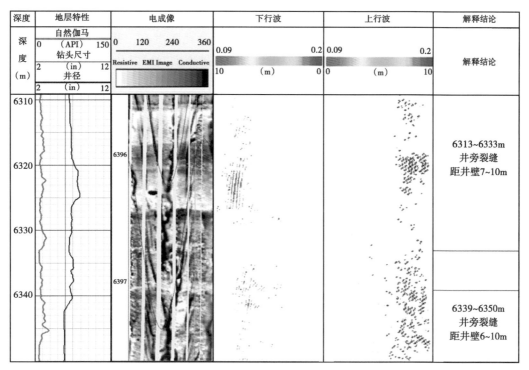

图 3-7-3 井旁裂缝型储集空间反射波响应（ZGP 井）

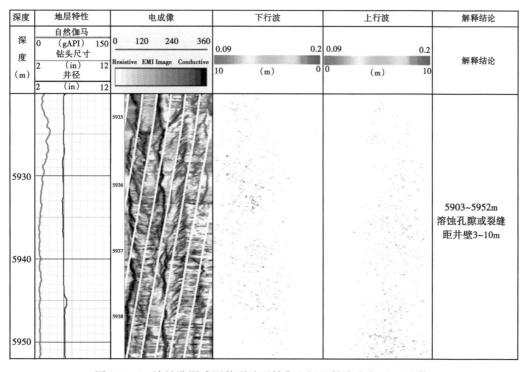

图 3-7-4 溶蚀孔洞或网状裂缝型储集空间反射波响应（YMQ 井）

（4）洞穴型储集空间。在远探测声波反射波成果图上显示"很强"的上行波、下行波信号，上行波、下行波呈"弧"状特征，在电成像测井成果图上对应井段有大的暗色斑块或较宽的暗色条带，井径扩径明显，常规测井资料计算孔隙度高，其反射波响应特征如图 3-7-5 所示。如果对远探测声波原始资料进行去增益处理则洞穴型反射波信号很弱。

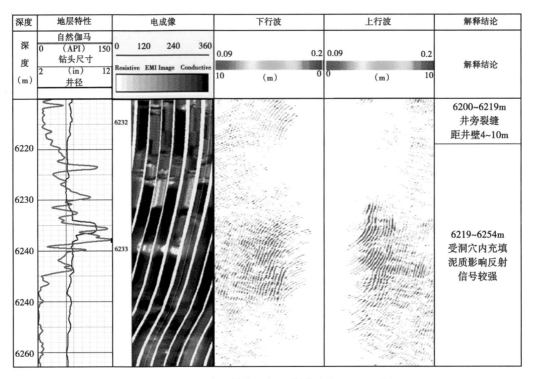

图 3-7-5　洞穴型储集空间反射波响应（YMR 井）

三、适用性分析

远探测声波测井仪器源距较长，而井旁的反射信息相对较弱，由于砂泥岩地层声波速度较慢，对反射波信息衰减较大，记录到的反射波相当微弱，很难识别出来。所以，远探测声波测井仪器不建议在砂泥岩地层中应用。塔里木油田在碳酸盐岩中测井 47 口，火成岩中测井 2 口。在这些井中都发现了井旁缝洞储集体，其特征是声波反射信息较强，能直观地反映出来，一些井旁缝洞储集空间已被试油结果证实。

图 3-7-6 是 HS 井碳酸盐岩地层综合解释成果图，从图中可以看出 43 号、44 号、46号、48 号层解释Ⅲ类储层，45 号层解释Ⅱ类储层，油气显示不好；对应 43 号、44 号层的井段远探测测井在 5~10m 的地方反射信号较强，综合分析为井旁裂缝反射，且裂缝较为发育，其裂缝走向与图中所画虚线走向一致，而 45 号层对应的井段远探测在 6~10m 的地方相对 43 号、44 号层弱一些，但反射信号也有一定的能量和走势，反射信号也很明显，综合分析也是井旁裂缝的反射特征。总体上说 43 号、44 号层虽然近井储层不很发育，但远井地层裂缝发育，而 45 号层近井、远井储层都较发育，这样结合远探测解释结果可以认为 43 号、44 号、45 号层均为有效储层。

HS 井试油井段为 6690～6714m，获日产油 118.1m^3、日产气 16216m^3 的高产工业油气流。试油结果充分证明远探测声波解释结论的正确性，并为储层有效厚度的确定提供了依据。

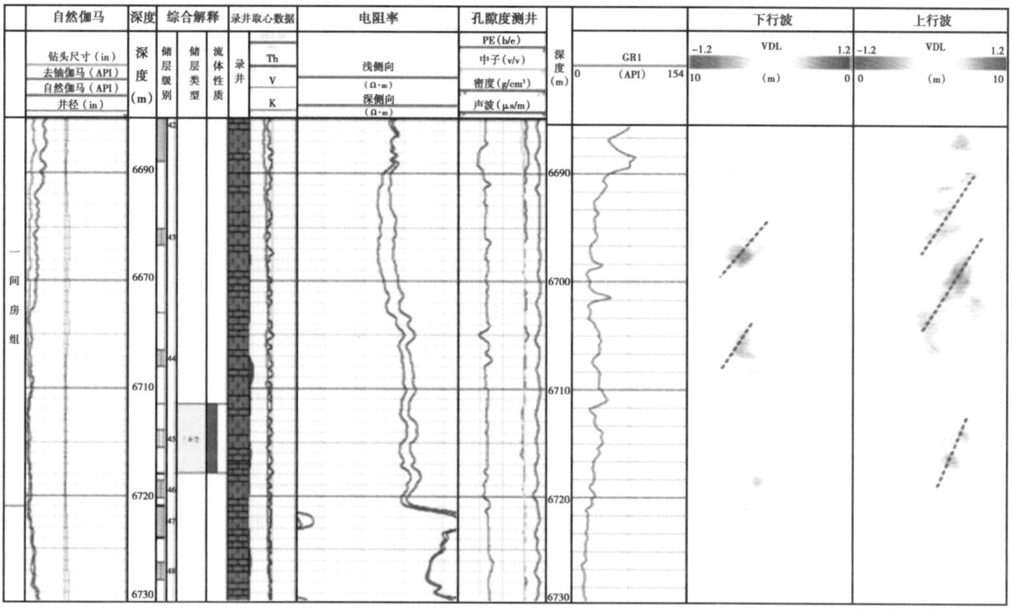

图 3-7-6　HS 井 6685～6730m 井段综合解释成果图

通过研究分析，远探测声波测井地层岩性、物性适用性结论如下：

（1）适用于碳酸盐岩、火成岩等快速地层；

（2）井壁附近储层物性越差，反射信息越可靠，应用效果越好；

（3）适用于常规测井资料评价的干层、Ⅲ类储层、Ⅱ类储层和部分一类储层；

（4）井壁附近为物性较好的孔洞型储层对远探测声波测量结果有一定的影响，但影响程度应视储层物性、远探测声波资料情况具体分析；

（5）不适用于大斜度井及水平井；

（6）薄层状、含泥质地层应用效果较差。

第四章 流体类型识别方法

缝洞型碳酸盐岩储层，储集空间以次生的孔、洞、缝为主，流体赋存于其中，表现为强烈的非均质分布，传统的评价均质储层流体性质的方法，对于缝洞型碳酸盐岩油气藏，其适应性与有效性有待商榷。针对我国海相碳酸盐岩储层，依据生产实践总结出赋存于孔、洞、缝中的流体性质评价新方法，包括视地层水电阻率谱法，MRIL-P 型核磁共振测井 T_2—D 交会图法、弹性参数气层识别法等，上述方法对塔里木盆地、四川盆地以及鄂尔多斯盆地的缝洞型碳酸盐岩储层的流体性质识别率高、适应性强。

第一节 视地层水电阻率谱流体识别方法

在双侧向测井纵向分辨率代表的井段内，微电阻率成像测井测量并记录的井壁地质与残余油气信息更丰富，对井壁细微的储层特征与残余油气特别敏感，故提出经浅侧向测井电阻率刻度后的电成像测井资料，提取并计算视地层水电阻率谱分布，来反映油气的信息，该方法具有可行性。

一、基本原理

类似于孔隙度谱的计算，对给定的处理窗口，计算出视地层水电阻率的分布，即通过视地层水电阻率频数分布曲线反映地层中流体的导电性。水层由于地层水的浸润，电阻率测井数值相对于油层低，所以在成像测井资料上其颜色较油层的要暗，在视地层水电阻率分布图上其主峰向小的方向偏离。对于油层，由于地层原油的浸润，尽管钻井时被驱离了一部分，但仍残留一部分油气信息，其地层水电阻率值较大，所以分布主峰值向大的方向偏离（图 4-1-1）。

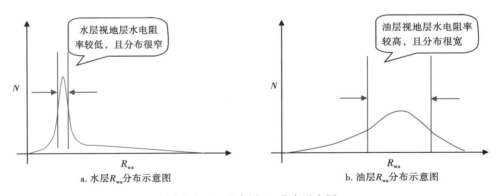

图 4-1-1 油水层 R_{wa} 分布示意图

定义电成像测井资料的视地层水电阻率为：

$$R_{wai} = \phi_i / C_i = \phi_{ext} (R_{xo} C_i)^{1/m} / C_i \qquad (4-1-1)$$

式中，C_i 为电成像测井电极电导率，S/m；ϕ_i 为计算的电导率像素的孔隙度，pu；ϕ_{ext} 为常规测井计算的总孔隙度，pu；R_{xo} 为冲洗带电阻率，$\Omega \cdot m$；m 为胶结指数，采用三孔隙度模型计算。

根据式（4-1-1）计算成像测井资料每个纽扣电极对应的视地层水电阻率值；在一个处理窗口内，根据钮扣电极对应的计算结果统计其分布，得到视地层水电阻率分布谱。

进一步将式（4-1-1）变形为：

$$R_{wai} = \phi_{ext} R_{xo}^{1/m} C_i^{\frac{1}{m}-1} \qquad (4-1-2)$$

可见决定主峰位置的主要是 $\phi_{ext} R_{xo}^{1/m}$ 部分，而 $C_i^{\frac{1}{m}-1}$ 部分决定视地层水电阻率主峰分布的宽窄。

定性上来讲，对于油气层，由于侵入带或多或少仍残余油气信息，其电成像测井值大小分布不匀，电成像测井值井周方向上离散性大，因而其分布宽，均值与方差均较大。对于水层，由于地层水的浸润，岩石电成像测井电导率在井周方向上较均匀，因而分布较窄，均值与方差均较小。

通过上述分析认为，视地层水电阻率谱的宽度及主峰位置是储层流体识别的关键参数。为了定量评价油气层段与水层段的差别，引入均值表达视地层水电阻率分布谱中主峰偏离基线的程度，方差（二阶矩）表达视地层水电阻率分布谱的宽窄（分散性）。

将视地层水电阻率均值定义如下：

$$R_{wa} = 3.3 \sum_{i=1}^{n} (R_{wai} P_{R_{wai}}) / \sum_{i=1}^{n} P_{R_{wai}} \qquad (4-1-3)$$

视地层水电阻率方差则为：

$$\sigma_{R_{wa}} = 3.3 \sqrt{\frac{\sum_{i=2}^{n} \left[P_{R_{wai}} (R_{wai} - \overline{R_{wa}})^2 \right]}{\sum_{i=1}^{n} P_{R_{wai}}}} \qquad (4-1-4)$$

式中，R_{wai} 是据式（4-1-1）计算的视地层水电阻率，S/m；$P_{R_{wai}}$ 是相应视地层水电阻率的频数（纽扣电极数）；n 为一个处理窗口内纽扣电极的总数。

二、识别图版与标准

根据上述视地层水电阻率谱识别流体的基本方法，对塔里木盆地新垦—哈拉哈塘地区25 口井中的 52 个试油层资料建立流体识别图版与评价标准。如图 4-1-2 所示，水层的视地层水电阻率均值小于 20（S/m），方差值小于 8（S/m）；油气层的视地层水电阻率均值大于20（S/m），方差大于 8（S/m），据此建立了识别评价标准（表 4-1-1）。

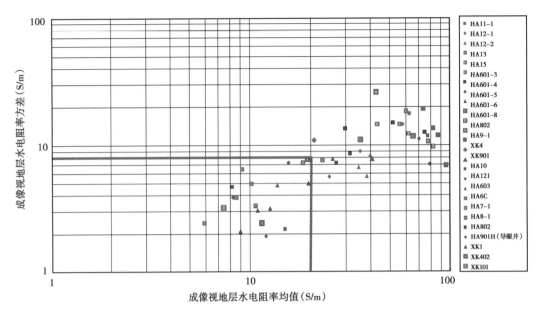

图 4-1-2　新垦—哈拉哈塘地区电成像视地层水电阻率谱流体识别图版

红色点为油气层，蓝色点为水层

表 4-1-1　新垦—哈拉哈塘地区电成像视地层水电阻率谱判别标准

流体性质识别指标	成像 R_{wa} 均值（S/m）	成像 R_{wa} 均方根差（S/m）	备　　注
油气层	>20.0	或>8.0	（1）统计条件：孔隙度下限为 1.0%；
水层	<20.0	且<8.0	（2）排除部分含泥井段、异常高阻井段

　　图 4-1-3 为 HA 井 6660~6690m 井段视地层水电阻率谱处理成果图，6680~6690m 井段谱分布范围较宽且值较大，均值和方差分别为 38.3S/m 和 18.5S/m，符合油层解释标准，对 6548.4~6705m 井段进行酸化压裂试油，日产油 17.69m³，测试结论为油层。

　　图 4-1-4 为 XKB 井视地层水电阻率谱处理成果图，深度段 6781~6799m 谱分布范围较窄且值较小，接近基线，均值和方差分别为 11.5S/m 和 3.6S/m，落在视地层水电阻率均值与方差交会图水层区，符合水层解释标准，对该井段进行酸化压裂试油，日产水 204m³，无油气，测试结论为水层。

　　如图 4-1-5 所示，TC 井马五₄ 段为裂缝—孔隙型储层，井段 4121~4124.5m 双侧向测井电阻率低于 70Ω·m，阵列感应测井电阻率低于 30Ω·m，且阵列感应测井电阻率呈明显的增阻侵入特征，判断为典型的气水同层。但是，该层段视地层水电阻率谱总体呈宽谱特征、下部更宽，且谱值较高、下部值更大，不具含水特征，故解释为气层。后期对该层段单独试气，日产气 105211m³，不产水，证实该方法有效。

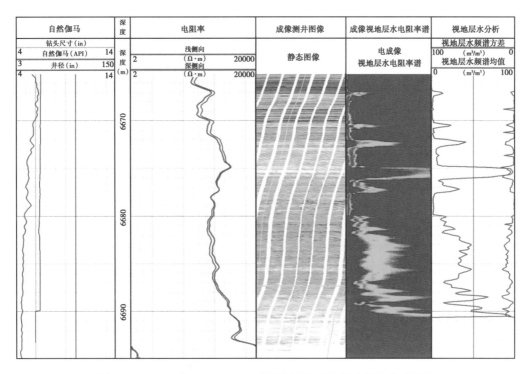

图 4-1-3　HA 井 6660~6690m 井段视地层水电阻率谱处理成果图

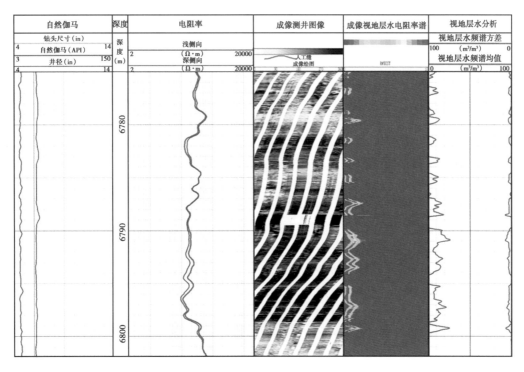

图 4-1-4　XKB 井 6781~6799m 井段视地层水电阻率谱处理成果图

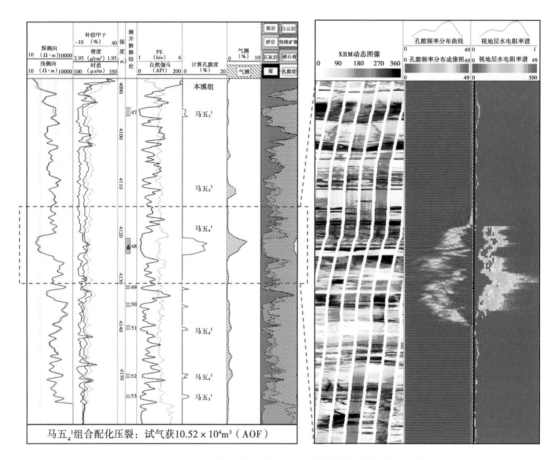

图 4-1-5　TC 井马五段视地层水电阻率谱流体识别成果图

三、适用条件

1. 不适用于含泥储层

在视地层水电阻率谱分析中，认为储层的导电效率主要来自两部分：岩石骨架和孔隙流体。相比于孔隙流体而言，碳酸盐岩岩石骨架电阻率高，其导电性影响可以忽略不计。当碳酸盐岩的泥质含量较高时，由于黏土矿物的导电能力强，岩石骨架对电阻率的贡献较大，其影响不能忽略。此时，谱分析结果不再单纯地反映孔隙流体的性质，而是岩石中泥质含量和孔隙流体性质的综合。

2. 不适用于高阻水层和低阻油层

一般来说，由于油和水的电阻率差异较大，同一储层含油和含水时测量的电阻率值也会差异较大。高阻水层和油层相比，电性差异被极大削弱，尤其当地层的孔隙度较低时，高阻水层和油层的电性差异很小，变得很难区分。当储层被钻井液侵入时，不可动的残余流体所导致的电阻率变化差异不明显。因此，在高阻水层中，通过视地层水电阻率谱识别孔隙流体较难。对于低阻油层来说，其差异变化规律与高阻水层相似，识别效果也同样较差。

3. 不适用于钻井液深侵入的储层流体识别

当储层遭受钻井液深侵入时，储层中只残余了极少的原始流体。由于残余的原始流体量太少，它们对于电阻率测量值的贡献微乎其微。此时，视地层水电阻率谱基本体现的都是钻井液滤液的性质，变化幅度小，储层流体识别难。

第二节　MRIL-P 型核磁共振测井 T_2—D 交会图版识别方法

早期提出的差谱法（DSM）、移谱法（SSM）、时域法（TDA）及扩散法（DIFAN）等核磁共振测井流体性质识别方法采用的都是基于 T_2 域的一维核磁共振评价方法。当地层孔隙中气、水同时存在时，它们的 T_2 谱信号存在一定程度重叠，不能区分这些信号是来自气还是来自水，导致这些方法在实际应用中存在一定的局限性。二维核磁共振测井将孔隙流体中氢核数分布从一维核磁共振的单个 T_2 弛豫变量拓展到二维核磁共振的 2 个变量，即横向弛豫时间 T_2 与扩散系数 D，利用 T_2—D 交会可以实现孔隙介质流体信号分离，从而获得储层中流体信息。

一、基本原理

由于受核磁共振弛豫机制的影响，不同的流体以及相同流体的不同赋存状态具有不同的核磁共振特性。假设岩石是亲水的，油、气、水核磁共振特性参数的范围见表 4-2-1。对于一个特定的地区，这些特性参数的具体值可以通过理论计算和实验来得到。二维核磁共振测井可以提供 T_2 外的信息，如 D，这些信息对储层中流体性质判别至关重要，在一维 T_2 空间内，气、水信号有一定程度重叠，但是由于气和水的扩散系数相差较大，在二维空间 T_2—D 内很容易区分。基于此原理，发展了二维核磁共振 T_2—D 交会识别气水方法。

表 4-2-1　油气水核磁共振特性参数值

流体类型	T_2（ms）	D（$10^{-5}\text{cm}^2/\text{s}$）	含氢指数 I_H
水	40~300	1.8~7	1
油	1~2000	0.0015~7.6	约 1
气	1~60	60~100	0.2~0.4

二、评价方法

根据油气水的不同扩散系数，建立二维核磁共振 T_2—D 解释模型，如图 4-2-1 所示。

对于自由水，通常在 D 为 $2\times10^{-5}\text{cm}^2/\text{s}$ 附近，T_2 谱峰位置根据区域不同而不同，另外，受到信噪比的影响，中心会上下移动，但移动范围不大。

对于油来说，扩散系数远小于水，其扩散系数大小主要与其黏度有关，T_2 也与黏度有关，通常分布在如图 4-2-1 所示的斜线附近，中心点受信噪比的影响也会略有移动。

对于气来说，其扩散系数远大于水的扩散系数，具体值受温度、压力及成分的影响。一般情况下，气的扩散系数在 $76\times10^{-5}\text{cm}^2/\text{s}$ 线附近。

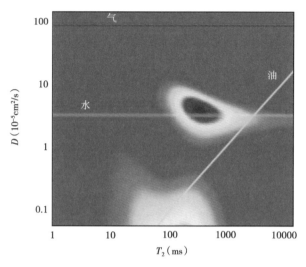

图 4-2-1　$T_2—D$ 油气水分布模型

为了实现采用 MRIL-P 型核磁共振测井进行 $T_2—D$ 流体识别，需要针对性开展测前采集设计，优选适用性的采集参数。对于低孔低渗碳酸盐岩储层，为保证孔隙中流体组分完全极化，等待时间选择约为 13s，回波间隔设计为 0.9ms、2.7ms、3.6ms 和 4.5ms。将 4 种不同回波间隔采集到的原始核磁共振信号进行数据累加，进行多回波串联合反演计算，得到 $T_2—D$ 二维核磁共振测井信息。

图 4-2-2 为 MXD 井二维核磁共振测井 $T_2—D$ 交会法流体识别成果图。根据图中 3 个深度点二维核磁共振测井信号所在位置分析可知，在深度 4700m 以上，二维核磁共振测井 $T_2—D$ 信号主要集中在气线附近，在深度 4700m 以下，二维核磁共振测井 $T_2—D$ 信号则主要集中在水线附近，具有典型的"上气下水"的特征，气水分异较明显。对井段 4680~4695m 进行试气，酸化压裂前测试日产气 $5.46×10^4m^3$，不产水。酸化压裂后，由于沟通下部水层，测试日产气 $38.78×10^4m^3$，日产水 $170m^3$，表明二维核磁共振测井评价成果和实际测试成果一致。

三、适用条件

MRIL-P 型核磁共振测井探测的是冲洗带或侵入带的孔隙流体信息，只有在钻井液侵入较浅、束缚水含量较低的情况下，才能较为真实地反映原状地层自由流体信息。利用二维核磁共振测井 $T_2—D$ 判别储层流体性质需要一定的孔隙度条件，通常情况下，孔隙度应高于该区域储层孔隙度下限。

MRIL-P 型核磁共振测井仪器二维核磁共振测井模式有 D9TW508、D9TW510、D9TW512 三种。对于碳酸盐岩储层，因需要较长的极化时间，通常选用 D9TW512 测井模式。

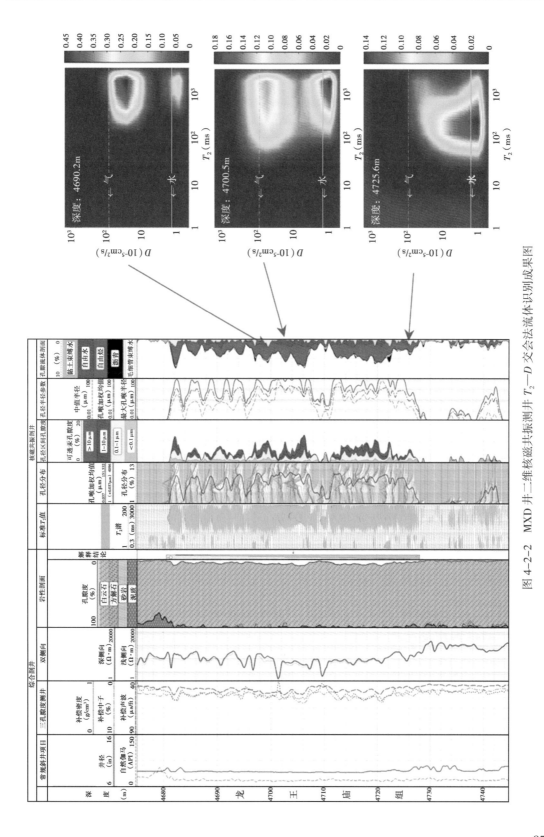

图 4-2-2　MXD 井二维核磁共振测井 T_2-D 交会法流体识别成果图

第三节　弹性参数气层识别方法

碳酸盐岩储层一般孔隙度较低，电阻率测井和孔隙度测井资料受岩石骨架影响较大，流体对测井响应贡献小。而阵列声波测井与地层电阻率无关，利用阵列声波测井可以获取真实的地层骨架及流体声波速度信息，进而得到纵横波速度比、岩石弹性参数等，通过敏感性分析，提取与流体有关的参数，可以增加气层的敏感程度，用于判别流体性质。

一、弹性参数流体敏感性分析

岩石弹性参数主要有拉梅系数 λ、泊松比 σ、杨氏模量 E、剪切模量 μ、体积模量 K、体积压缩系数（C_b、C_{ma}）、Biot 弹性系数 α 等。利用地层的纵波时差 Δt_p、横波时差 Δt_s、密度及自然伽马等测井资料可得到弹性参数。

基于岩石物理实验结果，选取不同孔隙度的 4 块碳酸盐岩岩心，对 17 个不同类型的岩石弹性参数及组合参数进行流体敏感性定量分析。流体敏感程度表示如下：

$$A_{g/w} = \left| \frac{x_w - x_g}{x_g} \right| \times 100\% \qquad (4\text{-}3\text{-}1)$$

式中，$A_{g/w}$ 表示弹性参数对流体的敏感程度；x_w 表示岩心饱和水时的弹性参数值；x_g 表示岩心饱和气时的弹性参数值，该值越大，弹性参数对含气层的敏感程度越高。

从表 4-3-1 中可以看出，对鄂尔多斯盆地古隆起东侧马家沟组碳酸盐岩储层流体敏感程度最高的弹性参数是体积模量与剪切模量的差值，其次是拉梅系数与密度的乘积、体积模量与密度的乘积。这说明岩性和流体敏感度较高、岩石物理意义明确的岩石弹性模量信息在含气性储层预测及流体检测中更具优势。

如图 4-3-1 所示，含气性分析道包括优选出的 $K\text{-}\mu$、$\lambda\rho$、$K\rho$ 组合参数曲线，3688～3692m 储层段呈现好的含气性，对 3687～3691m 储层段进行射孔试气，产纯气 $1.2497 \times 10^4 \mathrm{m}^3/\mathrm{d}$，试气成果与流体识别成果吻合较好，证实了优选的油气敏感参数对储层含气性具有较好的指示作用。

二、弹性参数交会图法

根据弹性参数流体敏感性分析结果，利用 17 口井 26 个小层的试气数据建立鄂尔多斯盆地古隆起东侧马家沟组中组合白云岩储层弹性敏感参数流体识别交会图（图 4-3-2），可以看出气层、水层、干层分异明显，一般气层：$K\text{-}\mu < 5.5 \mathrm{GPa}$、$\lambda\rho < 20 \mathrm{g/cm}^3 \cdot \mathrm{GPa}$、$K\rho < 28 \mathrm{g/cm}^3 \cdot \mathrm{GPa}$，水层：$K\text{-}\mu > 6 \mathrm{GPa}$、$\lambda\rho > 22 \mathrm{g/cm}^3 \cdot \mathrm{GPa}$、$K\rho > 30 \mathrm{g/cm}^3 \cdot \mathrm{GPa}$，干层的界限值位于气层与水层之间。

表4-3-1　不同孔隙度岩石弹性参数干样和饱和样弹性参数及对油气敏感程度

参数名称		密度 ρ (g/cm³)	纵波速度 v_p (m/s)	横波速度 v_s (m/s)	纵横波速度比	纵波阻抗 Z_p (m/s·g/cm³)	横波阻抗 Z_s (m/s·g/cm³)	泊松比 σ	拉梅常数 λ (GPa)	剪切模量 μ (GPa)	体积模量 K (GPa)	体积压缩系数 C_b (GPa⁻¹)	杨氏模量 E (GPa)	组合参数				
														$\lambda\rho$ (g/cm³·GPa)	$\mu\rho$ (g/cm³·GPa)	$K-\mu$ (GPa)	$\lambda\rho-2\mu\rho$ (g/cm³·GPa)	$K\rho$ (g/cm³·GPa)
$\phi=$ 2.44%	干样	2.76	5000	3100	1.61	13808	8559	0.19	16.0	26.5	33.7	0.03	63.0	44.1	73.2	7.14	102.4	93.0
	饱和样	2.79	6273	3567	1.76	17489	9946	0.26	38.7	35.5	62.4	0.02	89.5	108	99	16.7	89.8	174
	$A_{g/w}$	1%	25%	15%	9%	27%	16%	39%	142%	34%	85%	46%	42%	145%	35%	277%	12%	87%
$\phi=$ 5.4%	干样	2.69	5817	3600	1.62	15650	9687	0.19	21.3	34.9	44.5	0.02	83.0	57.2	93.8	9.65	130.4	119.8
	饱和样	2.76	6204	3728	1.66	17110	10280	0.22	29.5	38.3	55.1	0.02	93.3	81.4	105.7	16.7	130	151.8
	$A_{g/w}$	2.5%	6.7%	3.5%	3%	9%	6%	15%	39%	10%	24%	19%	13%	42%	13%	73%	0.3%	27%
$\phi=$ 9.36%	干样	2.58	4451	2861	1.56	11489	7386	0.15	8.87	21.1	23.0	0.04	48.5	22.9	54.5	1.83	86.2	59.3
	饱和样	2.69	5484	3181	1.72	14730	8545	0.25	26.4	27.2	44.5	0.02	67.8	71	73	17.4	75.1	119.6
	$A_{g/w}$	4%	23%	11%	11%	28%	16%	67%	198%	29%	94%	48%	40%	210%	34%	851%	13%	102%
$\phi=$ 12.8%	干样	2.49	4579	3014	1.52	11413	7513	0.12	7.0	22.6	22.1	0.05	50.6	17.4	56.4	0.58	95.5	55.0
	饱和样	2.63	5242	3231	1.62	13779	8493	0.19	17.4	27.4	35.6	0.03	65.5	45.6	72.1	8.2	98.6	93.7
	$A_{g/w}$	5%	14%	7%	7%	21%	13%	65%	149%	21%	62%	38%	29%	163%	28%	1309%	3%	70%

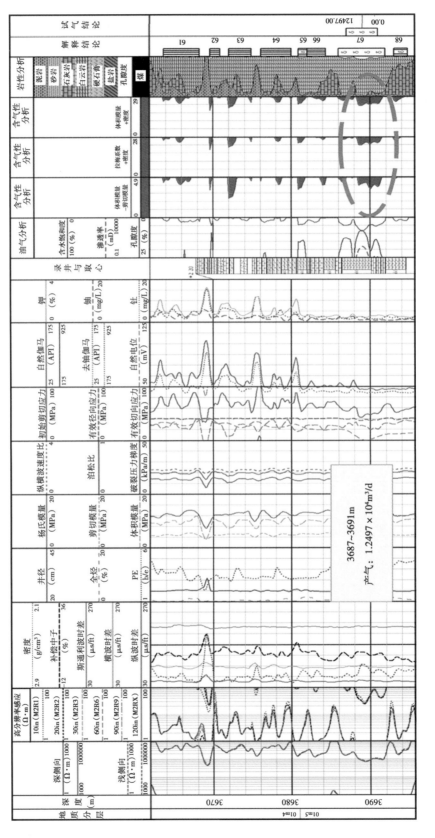

图4-3-1　TE井含气性敏感参数处理解释成果图

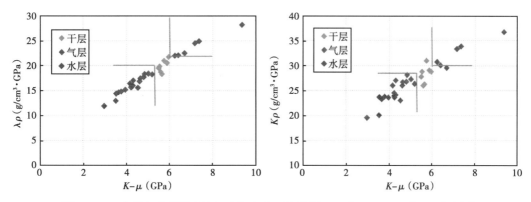

图 4-3-2　古隆起东侧马家沟组中组合白云岩储层 K-μ 与 $\lambda\rho$、K-μ 与 $K\rho$ 交会图

三、流体敏感因子重构法

针对声学参数对储层流体的敏感响应特征，调研地震、测井中进行流体性质识别的方法技术，在岩石物理实验基础上对不同的流体识别因子进行对比分析，优选出适用于碳酸盐岩储层的高灵敏度识别因子，用于气层的判识。

1. 流体识别因子

1）高灵敏度流体识别因子 σ_{HSFIF}

σ_{HSFIF} 是基于波阻抗、体积模量、拉梅系数等参数流体敏感程度分析提出的：

$$\sigma_{\text{HSFIF}} = \frac{I_p}{I_s}I_p^2 - BI_s^2 \tag{4-3-2}$$

式中，I_p 为纵波阻抗；I_s 为横波阻抗；B 为调节参数，取 4.1。

2）流体识别因子 F_I

F_I 是项在波阻抗基础上，加入对流体敏感的 $\lambda\rho$ 参数，使其对含不同流体储层能表现出更加明显的差异，识别流体性质更为灵敏：

$$F_I = \frac{(I_p^2 I_s^2 - cI_s^4)\dfrac{I_s}{I_p}}{\lambda\rho} \tag{4-3-3}$$

$$\lambda\rho = I_p^2 - 2I_s^2 \tag{4-3-4}$$

式中，c 根据实际情况取值，取 1.0~3.9。

3）流体识别因子 γf

考虑 v_p/v_s 对流体较敏感，且对储层中流体异常背景的去噪效果较好，据此构建了新流体识别因子 γf：

$$\gamma f = \frac{v_p}{v_s}(\rho_{\text{sat}}v_p^2 - c\rho_{\text{sat}}v_s^2) \tag{4-3-5}$$

$$\gamma = \frac{v_p}{v_s} \tag{4-3-6}$$

$$f = \rho_{sat} v_p^2 - c\rho_{sat} v_s^2 \tag{4-3-7}$$

式中，ρ_{sat} 为饱和流体岩石的密度；c 为调节系数。

4）流体识别因子 F_w

F_w 是为了将含水和含气储层分开，利用四次幂量纲和零次幂量纲组合的形式，让高次幂将差异大的地方突出，低次幂将噪声减小，从而能较灵敏地实现流体识别[4]：

$$F_w = (I_p^4 - cI_s^4)\frac{I_p}{I_s} \tag{4-3-8}$$

2. 流体识别因子敏感性分析

根据岩石物理实验分析数据，对前人提出的几种高敏感度流体识别因子的敏感性进行分析，如图4-3-3所示，σ_{HSFIF}、γf、F_w 对不同流体（气、水条件下）的分辨能力较强；当储层流体含气时，流体识别因子减小，当储层饱和水时，流体识别因子相对变大。

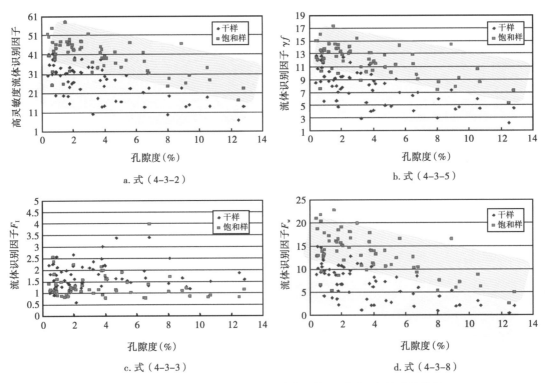

图4-3-3　干燥和饱和条件下高敏感度流体识别因子的敏感性分析

利用优选的三项流体识别因子对鄂尔多斯盆地古隆起东侧马家沟组中下组合储层建立了流体识别图版，并形成了识别标准（图4-3-2、图4-3-4、表4-3-2）。

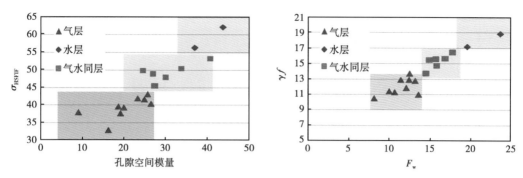

图 4-3-4 马家沟组马五₅碳酸盐岩储层流体识别因子交会图版

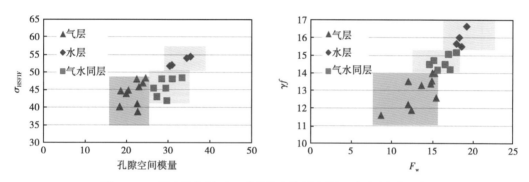

图 4-3-5 马家沟组马五₆₋₇碳酸盐岩储层流体识别因子交会图版

表 4-3-2 马家沟组中下组合碳酸盐岩储层流体识别因子判识标准表

层位	储层类型	σ_{HSFIF}	γf	F_w	孔隙空间模量
马五₅	气层	30~44	9~14	7~14	4~27
	气水层	44~55	13.5~17	14~19	20~42
	水层	55~65	17~21	18~25	34~50
马五₆₋₇	气层	35~49	11~14	8~16	16~26
	气水层	41~51	14~15.3	13~19	26~35
	水层	51~57	15.3~17	17~23	29~39

在马家沟组中下组合碳酸盐岩储层勘探生产中，应用组合流体识别因子进行了储层含气性检测。如图 4-3-6 所示，井段 3970~3973m、3975~3980m、3983~3987m 储层组合流体识别因子表现出好的含气性显示。对 3970~3992m 储层段进行长井段射孔，无阻流量达 225.4405×10⁴m³/d。与流体性质判识的结果一致，证实了组合流体识别因子对含气性判识的准确性和有效性。

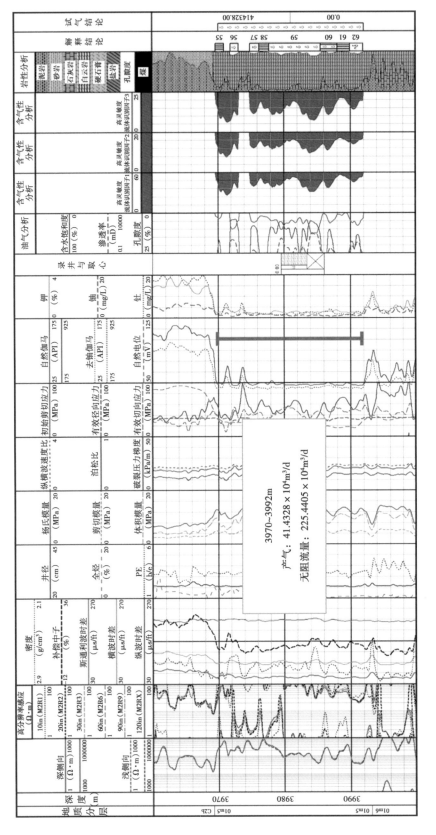

图4-3-6 SF井高灵敏度流体识别因子技术解释成果图

四、适用条件

（1）上述方法主要适用于孔隙型碳酸盐岩储层。非均质较强的储层，即裂缝或大洞非常发育时，不宜使用该方法。

（2）井眼条件差、泥质含量高等因素也能引起纵横波能量的衰减，这些因素均会加大弹性参数识别气层的难度。

第五章　岩电特征与饱和度模型

储层岩石的导电性主要取决于储集空间中的流体性质、饱和状态及其空间分布。对非均质碳酸盐岩储层而言，孔隙结构对岩石电阻率的影响非常显著，有时缝洞对电阻率的影响远超含油气性的影响。很多研究者试图摆脱 70 多年来依靠电阻率曲线计算饱和度的传统方法，尝试利用非电法测井资料计算碳酸盐岩饱和度，但效果并不理想。因此，迄今为止，以电法测井为基础的饱和度计算依然是最切实可行的方法。

为了提高碳酸盐岩储层饱和度的测井评价精度，必须开展有针对性的岩电实验，在对储层孔隙特征、电性响应规律等深入研究基础之上，形成有效的碳酸盐岩饱和度评价新方法。本章首先介绍了非均质碳酸盐岩储层岩电实验装备及方法研究成果，然后介绍了不同类型碳酸盐岩储层岩电参数的变化规律，最后结合西南、长庆、塔里木以及华北等油气田重点探区介绍了不同类型碳酸盐岩储层饱和度评价实例及效果。

第一节　碳酸盐岩储层岩电实验

我国海相碳酸盐岩油气地质条件复杂，形成于多旋回叠合盆地，地质时代老，演化历史长，后期改造强烈，使得碳酸盐岩储层类型多、非均质性强，基质的低孔低渗特性显著，因此，相对于传统的砂岩储层而言，碳酸盐岩岩电实验存在巨大挑战。下面重点介绍近年来复杂碳酸盐岩储层岩电实验装备研发、方法研究等方面的成果。

一、电阻率与毛管压力联测实验装置

电阻率与毛管压力联测不仅能够获得电阻率随含水饱和度的变化曲线，而且能够获得相同实验条件下岩心的毛管压力曲线，这对具有复杂孔隙结构碳酸盐岩储层电学性质及变化规律研究具有非常重要的意义。由于国内大多数碳酸盐岩储层基质孔渗比较低、非均质性强，常规实验手段及装备难以满足岩石物理研究的需要，为了解决非均质复杂储层测井解释及综合评价中遇到的突出问题，研发了高温高压岩石电学和毛管压力联测系统（RCS-763Z）（图 5-1-1）。

RCS-763Z 具有 3 个静水压力岩心夹持器（其中柱塞岩心夹持器 2 个、全直径岩心夹持器 1 个），两套围压系统、驱替系统、压力测量及计算机自动控制系统。岩心夹持器的主体部分为不锈钢，水湿部分为哈氏合金。系统围压由 PCI-112 倍增器提供，具有围压自动跟踪、保持净围压恒定等功能。驱替系统的主要部件为双缸高精度 Quizix 泵，其中一个缸体能够为岩心出口端提供恒定压力（可模拟储层实际的孔隙压力），另一个缸体能够提供驱替所需压力。柱塞岩样夹持器使用的是容积为 21mL 的 Quizix 泵，全直径岩心夹持器使用的是容积为 275mL 的 Quizix 泵。在压力测量系统中，采用两个高精度的绝对压力传感器分别测量夹持器上游、下游的压力，采用 3 个具有不同量程的压差传感器精确测量岩心两端的压差。

两个独立双开门恒温箱能够为夹持器、驱替系统等提供稳定的温度。

图 5-1-1 高温高压岩石电学和毛管压力联测系统（RCS-763Z）

为了能够测量驱替过程中岩心的毛管压力，需使孔隙空间流体分布维持稳定状态，因此岩心注入端、出口端分别安装了油润湿膜、水湿半渗透隔板，使得入口端只容许非润湿相（油或者气）进入，出口端只容许润湿相（水）流出。图 5-1-2a 是陶瓷材料的半渗透隔板，突破压力为 120psi。对低孔渗岩心，陶瓷材料半渗透隔板的突破压力远不能满足实验需要，为此，在 RCS-763Z 中使用了一种新型的高突破压力双层半渗透隔板（图 5-1-2b），突破压力能够高达 1000psi。采用高突破压力的半渗透隔板对低孔渗岩心电阻率与毛管压力联测实验具有非常重要的意义。

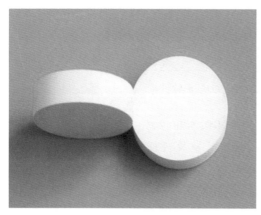

a. 陶瓷半渗透隔板

b. 玻璃半渗透隔板

图 5-1-2 水湿半渗透隔板

实验过程中，毛管压力由压差传感器读数计算得到，饱和度的变化由高精度 Quizix 泵监测。电性参数的测量采用的是 DRM 数字电阻仪，测量时用户可以根据需要选择 50Hz 到 100kHz 范围内的 5 个测量频率。除岩心电阻率以外，还可以获得相位角、质量因素等参数。RCS-763Z 能够同时进行两个柱塞岩样或者一个柱塞岩样、一个全直径岩样电阻率与毛管压力联测实验。

除了高性能硬件设备以外，高温高压岩石电学和毛管压力联测系统还具有一套集岩样数据输入、实时控制、采集、报警及参数动态显示为一体的软件控制系统（图 5-1-3）。利用该系统，能够方便地输入测量样品尺寸、四电极间距、孔隙压力、驱替压力、岩心净围压及数据采样间隔等参数，可按照设定的采样间隔记录压力、流量、体积及电阻率等 75 个不同的参数。通过控制软件，用户可以定义最多 5 组图像显示，每组里面最多可以定义 10 项内容；根据这些图像显示，可以方便地观察岩心压力、流体体积及电阻率等参数随时间的变化情况。

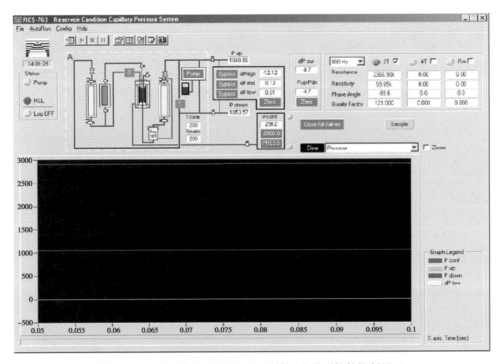

图 5-1-3　高温高压岩石电学和毛管压力联测软件控制界面

RCS-763Z 除了能够进行油驱水实验以外，还能够在不卸载岩心的情况下进一步进行水驱油及二次油驱水等实验，这对研究储层水淹、注水开发及岩心润湿性的变化等具有重要作用。

相对于其他岩电设备，RCS-763Z 实验系统在测试的温度、压力，适用的岩心直径、驱替方式、控制模式、测量精度等方面均处于国际领先水平，系统的主要性能指标如下：

岩样直径：2.5cm、3.75cm、10.0cm；

岩样长度：2.5~7.5cm（柱塞）、5.0~15.0cm（全直径）；

驱替压力：0~7500psi（柱塞），0~10000psi（全直径）；

岩心围压：300~10000psi；

毛管压力：0~1000psi；

测量温度：30~160℃；

测量频率：50~100000Hz；

驱替方式：恒速、恒压；

电阻率测量方式：两电极、四电极；

测量参数：p_c、R_w、F、m、I、n 等。

二、实验条件对岩电测量的影响

对碳酸盐岩储层而言，样品尺寸。实验压力、实验温度以及流体性质（如矿化度）等均对岩电实验结果具有较大影响。为了进一步提高碳酸盐岩储层含油气饱和度的计算精度，下面分别讨论上述实验条件对酸盐岩岩心电阻率的影响及规律。

1. 样品尺寸

碳酸盐岩储层孔隙类型多、结构复杂，从宏观到微观均表现出很强的非均质性、各向异性，因此对碳酸盐岩储层而言，各种岩石物理参数的尺度效应就更为显著。碳酸盐岩岩电实验通常采用小尺寸的柱塞岩样，而全直径岩心电性实验研究较少。为了明确岩心尺度对非均质碳酸盐岩岩电参数测量的影响，以更有效地指导岩石物理实验中样品尺寸的选取，国内外学者进行了深入研究。Serag 等（2010）开展了碳酸盐岩柱塞样与全直径样地层因素—孔隙度关系实验研究，结果如图 5-1-4 所示，"WC"代表直径为 4.0in 的全直径岩心，"plug"代表直径为 1.5in 的柱塞岩心，为了便于对比，柱塞岩心在全直径岩心附近的不同方向上钻取。从图中可以看出，全直径岩心胶结指数 m 比柱塞岩心胶结指数低，二者数值相差 0.18。换句话说，完全饱含水全直径岩心电阻率比柱塞样

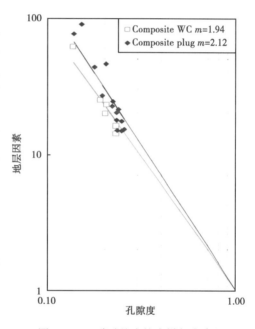

图 5-1-4 碳酸盐岩柱塞样与全直径样地层因素对比图

低，这主要是因为全直径碳酸盐岩岩心包含了更多的溶蚀孔洞、微裂缝，以及其他一些尺寸较大的粒间、晶间溶孔，从而使得孔隙之间的连通性及导电能力有所增强、胶结指数 m 降低。

当部分饱含水时，岩心内部导电流体的含量及分布受孔隙结构的影响很大，碳酸盐岩柱塞样与全直径样电阻增大率—含水饱和度关系也将存在显著差异。朱哲显（2014）通过实验研究了标准岩心（直径 25mm）和全直径岩心（直径 70mm）岩电参数的差异，降饱和度方法为风干法，实验结果如图 5-1-5 所示。

图 5-1-5 明显地体现了碳酸盐岩饱和度指数的尺度效应。从图中可以看出，全直径岩

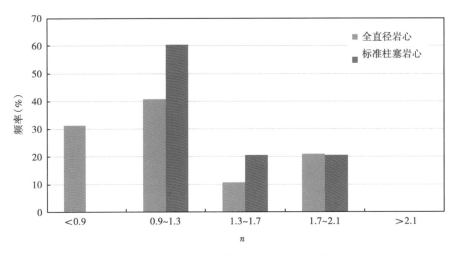

图 5-1-5　碳酸盐岩柱塞样与全直径样 n 概率分布图

心饱和度指数的分布范围较广，而标准柱塞样岩心饱和度指数的分布范围较小。标准柱塞样饱和度指数分布曲线峰值对应的 n 区间与全直径岩心饱和度指数分布曲线峰值对应的 n 区间一致，定量分析结果表明标准柱塞样平均饱和度指数为 1.36，全直径岩心平均饱和度指数为 1.22。需要特别指出的是，根据朱哲显（2014）的实验结果，无论是柱塞样还是全直径样饱和度指数的数值均偏低，有部分样品的饱和度指数小于 1.0，这或许与其所采用的降饱和度技术及实验数据分析方法有关。

对非均质碳酸盐岩而言，为了准确获得目的层位的岩电参数，应尽可能选取具有代表性的全直径岩心开展实验。如果不具备全直径岩心的实验条件，所选取的柱塞岩心应尽可能代表目的层段的孔隙结构特征，从而提高实验结果的准确性与可靠性。

2. 实验压力

真实地层条件下岩心主要受到两种压力的作用：上覆压力与孔隙内流体压力。上覆压力由上覆地层重力产生，主要取决于储层的埋深。实验中上覆压力常常通过围压来模拟。孔隙内流体压力取决于与孔隙流体连通的流体液面高度。现有的岩电设备基本都具有围压功能，但能够提供的围压大小存在一定差异，目前能够模拟孔隙压力的实验装置相对较少。

Ara 等（2001）利用三轴压力夹持器研究了不同方向压力对碳酸盐岩电阻率的影响，在实验过程中围压随着轴向压力的增大而增大。实验结果表明，随着压力的增大，岩心电阻率增大，且围压对电阻率的影响幅度大于轴向压力的影响幅度。Ara 等（2001）分析指出，压力对碳酸盐岩电阻率的影响是因为压力引起了岩心内部孔隙结构及连通性的变化。图 5-1-6 是不同围压下胶结指数 m 变化规律的实验研究结果，从图中可以看出，随着围压的增大，m 增大。随着围压增大，孔隙被压缩的程度逐渐增加，孔隙度、孔喉半径也随之减小，因此饱含水岩心电阻率、m 增大。

Behin（2014）通过实验研究了围压对伊拉克 P 油田、S 油田具有相近孔隙度碳酸盐岩胶结指数的影响。研究结果发现，随着围压的增大，两个油田的胶结指数均增大，但增加的幅度存在差异。当围压从 400psi 增加到 5000psi 时，P 油田胶结指数增加 0.1（图 5-1-7a），而 S 油田胶结指数增加 0.35（图 5-1-7b）。Behin（2014）分析指出，具有相近孔隙度的碳

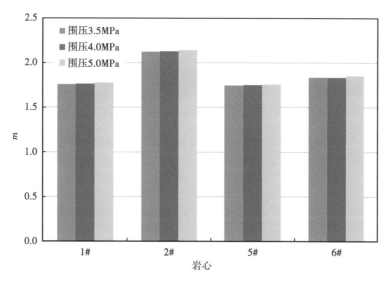

图 5-1-6　围压对胶结指数的影响

酸盐岩之所以胶结指数的变化幅度不一样，是因为两个油田岩心的孔隙结构存在差异，孔隙非均质性越强，随着围压的增大，孔隙收缩及电阻率的变化越大。

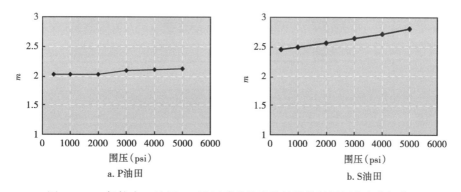

a. P 油田　　　　　　　　　　b. S 油田

图 5-1-7　伊拉克 P 油田、S 油田碳酸盐岩胶结指数随围压的变化规律

　　陈春宇等（2012）研究了川西飞仙关和石炭系低孔低渗碳酸盐岩饱和度指数受围压的影响规律。通过对 3 组岩心不同围压条件下的电阻率实验发现：随着围压增加，饱和度指数的数值减小，但随围压增大，饱和度指数的变化幅度逐渐降低。实验中，第 I 组岩心选自飞仙关组，岩心非常致密，岩心裂缝和孔洞欠发育，孔隙度分布范围为 0.6%～1.0%，第 II、第 III 组均选自石炭系，岩心裂缝和孔洞较发育，孔隙度范围为 2.6%～6.8%，图 5-1-8 是第 III 组 4 块岩心饱和度指数随围压的变化规律。

　　为了考察实验过程中孔隙压力对岩电参数的影响，利用 RCS-763Z 岩电实验装置开展了相同净围压下带孔隙压力、不带孔隙压力岩电实验，结果如图 5-1-9 所示。从实验结果可以看出，对低渗透率岩心，存在孔隙压力时饱和度指数远小于无孔隙压力时的饱和度指数；而对高孔渗岩心，孔隙压力的影响较小，因此对于低渗透岩心，在电性参数测量时，需考虑孔隙压力的影响。

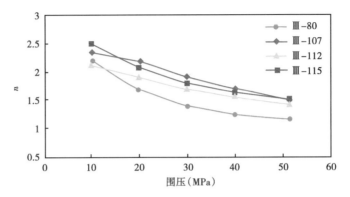

图 5-1-8　围压对碳酸盐岩储层饱和度指数的影响

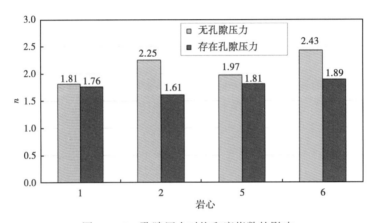

图 5-1-9　孔隙压力对饱和度指数的影响

　　根据现有研究结果可知，地层胶结指数、饱和度指数均受围压的影响，对孔洞、裂缝发育的碳酸盐岩围压的影响更为显著。为了获得碳酸盐岩地层真实的岩电参数，需根据储层的实际情况确定实验的围压。对低孔低渗岩心，孔隙压力的影响较为显著，因此，在基质物性较差的碳酸盐岩岩电实验中应该尽量采用具有孔压模拟功能的实验装置。

3. 实验温度

　　通常认为影响岩石电阻率的各因素中，除了地层水电阻率 R_w 随温度变化发生改变外，胶结指数主要随岩石胶结程度变化，早期研究并未指出胶结指数与温度相关。关于温度及矿化度对岩电参数的影响，在砂岩特别是泥质砂岩中研究较多。温度对胶结指数的影响比较复杂，最初的研究认为温度升高，m 增加，但 Mahmood 等（1991）则发现温度的变化对纯岩石的 m 无明显影响。李艳华等（2002）利用 6 块孔隙度、渗透率各不相同的岩心，开展了完全饱和盐水时岩心电阻率随温度变化的实验研究。研究发现：随温度升高，盐水及饱含水岩心电阻率均以幂函数形式下降，但饱含水岩心电阻率下降不能完全用盐水的下降表征，因此，m 受温度影响。

　　赵军等（2004）通过对 TZ2 井等多口井的低孔低渗岩心进行岩电实验研究表明，m 随温度的增加而减小，而王勇等（2006）的分析结果则表明，高温高压下 m 都比常温常压下大，而且矿化度越低，两者的差值越大；高温高压的 n 比常温常压的小。

田素月等（2009）研究了普光地区缝洞性储层岩电参数影响因素，通过对普光地区 189 块岩心岩石物理实验资料分析指出，随温度、孔隙度的增大，m 增大，n 减小，但温度对 m 的影响幅度较小，温度对 n 的影响幅度较大。

目前的研究表明，温度对岩电参数存在影响，但温度对 m 及 n 的影响规律在不同地区存在差异。对孔隙结构复杂、非均质强的碳酸盐岩而言，温度的影响可能更为复杂，为了准确获取目的层段的岩电参数，实验中应该根据实际储层条件，采用模拟地层温度下的岩电实验。

4. 矿化度

在孔隙度一定的条件下，碳酸盐岩电阻率主要取决于岩石孔隙中地层水的导电能力，而地层水的导电能力主要取决于地层水矿化度；因此，地层水矿化度是影响岩石电阻率的重要因素。王勇等（2006）通过对 88 块岩心 5 种不同矿化度下的气驱岩电实验研究表明：随着饱和盐水矿化度增加 m 增加，但常温常压 m 比高温高压增加明显；高温高压下饱和盐水矿化度低时 n 小，饱和盐水矿化度高时 n 大，但常温常压 n 随饱和盐水矿化度变化很小。王楠（2014）通过多矿化度实验研究了阿尔奇公式中 m、n 在不同地层水矿化度下的变化规律，实验结果表明随着矿化度的升高，每块岩样的 m 均增大。对于 n，无论是中高孔渗岩样，还是低孔渗岩样，均随着矿化度的增大而增大（图5-1-10）。

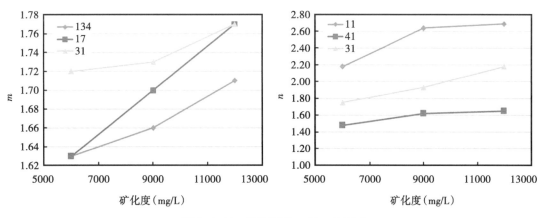

图 5-1-10　矿化度对 m 及 n 的影响

田素月等（2009）研究了普光地区缝洞性储层岩电参数影响因素，通过对普光地区 189 块岩心岩石物理实验资料分析指出，随地层水矿化度的增大，m、n 均呈现增大趋势，但矿化度大于 8g/L 后，m 随矿化度增大的趋势平缓（图5-1-11）。

目前的研究表明，矿化度对 m 及 n 均存在影响。一般地，随地层水矿化度增大，m、n 均呈现增大趋势；但不同岩心、不同实验条件下变化的幅度存在差异，为了准确获取目的层段的岩电参数，实验中应该根据实际地层水资料，确定实验过程中地层水的类型及矿化度。

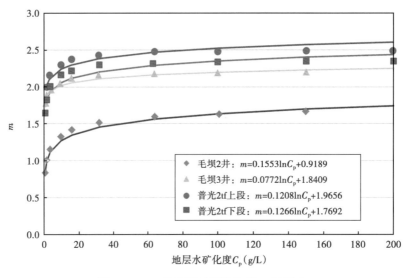

图 5-1-11　矿化度对碳酸盐岩 m 的影响

三、实验方法

根据实验过程中岩心饱和度变化的不同，岩电实验可以分为两大类：增饱和度方法和减饱和度方法。增饱和度方法指岩心烘干后，逐渐增加岩心的含水饱和度并测量不同含水饱和度下岩心的电阻率，此方法通常又称增水法。该方法实施简单，且能够一次进行多块岩心的测量，但测量过程中流体的平衡及测试条件（如围压、温度等）难以控制。减饱和度方法指首先将岩心用盐水饱和，然后通过特定方法降低岩心的含水饱和度，并测量含水饱和度变化过程中岩心的电阻率。根据降低饱和度的方法不同，该方法又可分为离心法、驱替法（气驱或油驱）、风干法等。在驱替过程中，若岩心出口端放置只容许润湿相流体通过而非润湿相不能通过的半渗透隔板，称为半渗透隔板驱替。

Sprunt 等（1990）介绍了全球 25 个实验室岩电比对结果。根据不同降饱和度方法的对比发现，离心法获得的碳酸盐岩饱和度指数主要分布在 1.9 左右，而隔板法获得的饱和度指数主要分布在 2.1 左右。刘向君等（2011）通过实验对风干法和自吸增水法建立碳酸盐岩岩心含水饱和度进行了对比。研究结果表明，风干法和自吸增水法获得的饱和度指数和岩性系数 b 具有明显区别，但变化趋势一致。刘向君等（2011）认为对基质孔隙度、渗透率低的碳酸盐岩储层，在驱替法应用受限的条件下，根据碳酸盐岩气藏成藏后岩石表面的润湿性特点及气水运移规律，在低矿化度地层水条件下可以采用风干法建立岩电实验关系。目前的研究表明，半渗透隔板驱替与地层中油、气聚集过程非常类似，实验过程中润湿相和非润湿相在岩心内部的分布更接近平衡状态，因此半渗透隔板驱替被认为是岩石电阻率测量最为可靠、准确的方法。

在隔板法驱替过程中，非润湿相通常为油或者气，为了研究不同非润湿相在隔板法驱替中的效果，开展了半渗透隔板气驱、油驱对比，结果见表 5-1-1。对 95 号低渗透岩心，在 0.2MPa 的驱替压力下，气驱含水饱和度降低到 0.95，而油驱在 0.4MPa 的驱替压力下平衡 2.6h 之后，含水饱和度无明显变化。这表明对渗透率极低的岩心，油驱难以驱动，但气驱可以在一定范围内降低岩心的含水饱和度。另外，从总体的平衡时间来看，气驱的平衡时间小于油驱的平衡时间。因此，半渗透隔板气驱更适用于低孔低渗碳酸盐岩岩电实验。

表 5-1-1　半渗透隔板气驱、油驱对比

样品	K （mD）	气驱			油驱		
		驱替压力 （MPa）	平衡时间 （h）	饱和度	驱替压力 （MPa）	平衡时间 （h）	饱和度
82	0.75	0.05	2.17	0.96	0.05	8.64	0.99
		0.1	2.41	0.95	0.1	6.17	0.97
		0.2	39.17	0.82	0.2	222.92	0.77
86	0.38	0.2	2.33	0.99	0.2	6.53	1
		0.4	5.48	0.85	0.4	48.65	0.89
95	0.14	0.05	14.56	0.98	0.2	2.60	0.99
		0.1	4.74	0.97	0.3	14.75	0.99
		0.2	5.45	0.95	0.4	2.62	0.99

第二节　孔隙型储层岩电特征

孔隙型储层可以近似看作均匀、各向同性介质，当储层泥质含量不高时，可以用阿尔奇公式计算含水饱和度。当泥质对储层电阻率影响不能忽略时，需要对阿尔奇公式进行修正，选择有泥质影响校正的饱和度模型。

一、孔隙型储层岩电规律

为了准确确定岩电参数，选取马家沟组上组合、中下组合具有代表性的岩心开展了碳酸盐岩岩石物理研究，进行了半渗透隔板气驱岩电、核磁共振、CT 等配套实验。图 5-2-1 是长庆油田马家沟组孔隙型碳酸盐饱含水 T_2 谱，其中 S367-3 号岩心是马家沟组上组合岩心，孔隙度为 10.3%，L46-3 号、L46-4 号、L46-6 号岩心是马家沟组中组合岩心，孔隙度分别

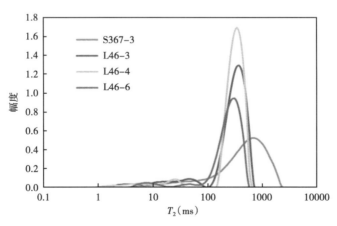

图 5-2-1　长庆马家沟组孔隙型碳酸盐岩岩心 T_2 谱

为 14.87%、15.27%、10.41%。从几块岩心核磁共振测量结果可知，T_2 谱的峰值均小于 1000ms，且分布集中，因此上述岩心孔洞不发育，孔隙的均质性较好。图 5-2-2 是上述几块岩心 CT（分辨率为 10μm）结果的典型切片，从岩心 CT 切片上未发现孔隙尺寸较大的溶蚀孔洞，特别是 L46-3 号、L46-4 号、L46-6 号这三块岩心在 10μm 分辨率 CT 下可以分辨的孔隙很小，整个切片图像的均质性较好，这进一步证实了上述几块岩心属于孔洞不发育且孔隙均质性较好的孔隙型碳酸盐岩。

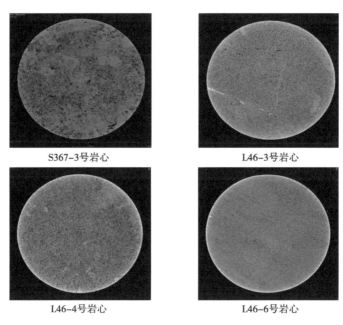

S367-3号岩心   L46-3号岩心

L46-4号岩心   L46-6号岩心

图 5-2-2　马家沟组上组合、中下组合岩心 CT 切片

图 5-2-3 是长庆油田孔隙型碳酸盐岩半渗透隔板气驱岩电实验结果，从图中可以看出以下几点规律：（1）孔隙型碳酸盐岩储层岩电关系未呈现明显的非阿尔奇特性，I—S_w 关系可利用阿尔奇公式进行描述；（2）这几块岩心饱和度指数的最小值为 1.58，最大值为 1.71，小于饱和度指数的典型数值 2.0；（3）S367-3 号岩心孔隙度最小，但饱和度指数最低，L46-4 号岩心孔隙度最大，但饱和度指数处于中间数值，因此饱和度指数与岩心孔隙度之间的相关性不显著。

进一步分析，虽然 L46-3 号、L46-4 号、L46-6 号岩心均属于马家沟组中组合，且岩心孔隙类型相似，但 L46-6 号岩心的均质性最好，虽然其孔渗均比其他两块岩心差，但饱和度指数为三块岩心中最低，因此，孔隙的空间分布对饱和度指数具有较大影响。

图 5-2-4a 给出了鄂尔多斯盆地马五$_1$、马五$_2$ 储层岩电参数与孔隙度之间相关性的分析结果，图例中从上到下孔隙度按升序排列。图 5-2-4b 给出了鄂尔多斯盆地马五$_1$、马五$_2$ 储层岩电参数与渗透率之间相关性的分析结果，图例中从上到下渗透率按升序排列。从图中可以看出，孔隙型碳酸盐岩储层饱和度指数与孔隙度、渗透率之间的相关性均较差。因此，对孔隙均质性较好的孔隙型碳酸盐岩岩心，虽然岩电关系未呈现明显的非阿尔奇特性，但饱和度指数的变化规律仍比较复杂。

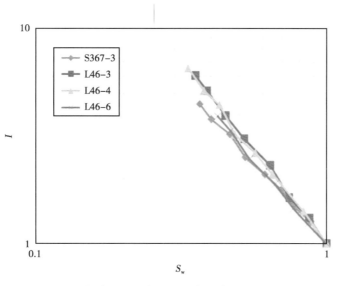

图 5-2-3　长庆油田马家沟组孔隙型碳酸盐岩岩电关系

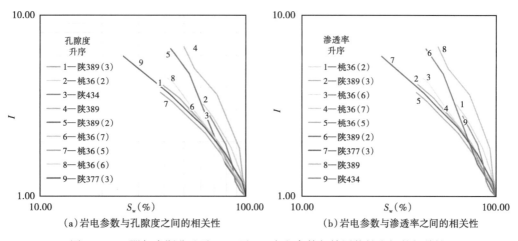

（a）岩电参数与孔隙度之间的相关性　　　　（b）岩电参数与渗透率之间的相关性

图 5-2-4　鄂尔多斯盆地马五$_1$、马五$_2$岩电参数与储层物性之间的相关性

二、孔隙型储层饱和度计算应用实例

　　LA 井为长庆油田密闭取心井，其取心井段长，储层代表性好，具有不同物性、不同孔隙岩石类型，其中孔隙型和孔洞型岩石都占有很大的比例。该层段含气饱和度计算公式为：

$$S_w = \left[\frac{R_{mf}}{\lambda R_w + (1 - \lambda) R_{mf}} \frac{R_w}{R_t (\phi/100)^m} \right]^{\frac{1}{n}} \qquad (5-2-1)$$

式中，λ 为钻井液侵入程度经验系数，与储层渗透性相关，通常取值范围为 0.6~0.85；m 为胶结指数（与碳酸盐岩的孔隙类型相关），该地区通常取值范围为 1.48~2.42；n 为饱和度指数（与孔隙均质性相关），该地区通常取值范围为 1.6~2.3；ϕ 为储层孔隙度，R_w 为地层水电阻率，$\Omega \cdot m$；R_{mf} 为钻井液滤液电阻率，$\Omega \cdot m$。

测井综合解释成果图如图 5-2-5 所示，其中饱和度所在道给出了利用阿尔奇公式的计算结果（黑线）以及密闭取心分析结果（淡蓝色柱状线），从图中可以看出，利用阿尔奇公式的计算结果与密闭取心分析结果具有很好的一致性。马五$_1^2$、马五$_1^3$ 两层合试结果为日产气 $22.53 \times 10^4 \text{m}^3$（无阻流量 AOF），马五$_2^2$ 试气结果为日产气 $16.85 \times 10^4 \text{m}^3$（无阻流量 AOF），试气结果进一步证实了含气饱和度计算结果的准确性。

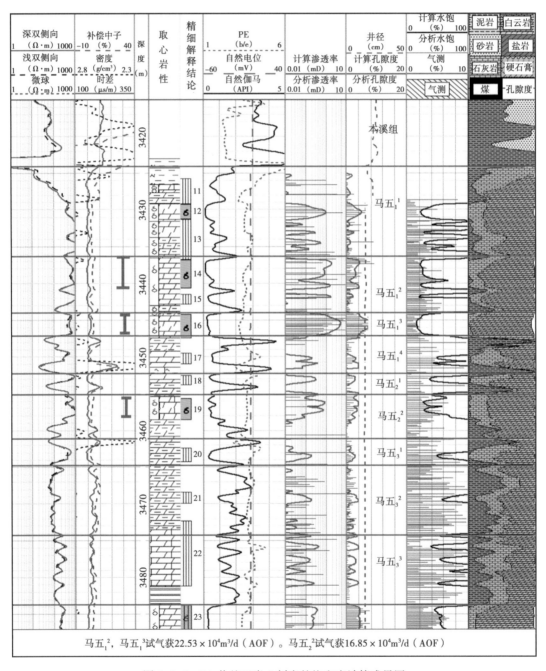

图 5-2-5　LA 井基于岩心刻度的饱和度计算成果图

第三节　孔洞型储层岩电特征

孔洞型储层是非均质碳酸盐岩油气藏中最常见的一类重要储层。在孔洞型储层中，溶蚀作用或岩溶作用形成的孔洞导致储层非均质性增强、含油气饱和度计算十分困难。孔洞型碳酸盐岩储层岩样 CT 结果（图 5-3-1）显示：储集空间主要为未充填的溶蚀孔洞及基质孔隙，孔洞体积在总孔隙（基质孔隙+孔洞）体积中所占百分比的范围较大；当孔洞体积所占百分比较小时，孔洞体积小、数量多、均匀分布在基质中；当孔洞体积所占百分比较大时，孔洞体积大、数量少，在基质中分散分布；随着孔洞占总孔隙比例的增大，其非均质性总体上变强。下面结合理论分析及实验结果深入讨论孔洞对完全饱含水、部分饱和水岩心电阻率及岩电参数的影响规律。

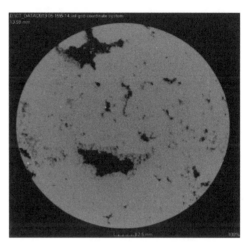

图 5-3-1　孔洞型碳酸盐岩典型 CT 切片

一、孔洞型储层岩电规律

Sen 等（1981）用 Maxwell—Garnett 关系模拟了岩石颗粒和水混合介质的介电特性。Kenyon 和 Rasmus（1985）利用这些关系进一步研究了鲕粒岩石中低频电导率及高频介电常数的响应特征。为了分析孔洞型储层地层因素的变化特征，沈金松（2010）假设次生孔隙的半径明显大于晶间和粒间孔隙半径，且次生孔隙的形状为圆形，并以分散状均匀分布于岩石中，此时导电性特征可用球形包裹物介质模拟，结果如图 5-3-2 所示。

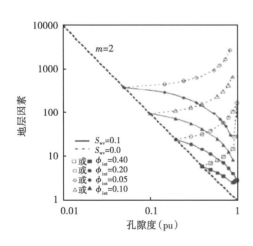

图 5-3-2　孔洞对胶结指数的影响图

图 5-3-2 中的脊线（即标出了 $m=2$ 的虚线）表示孔洞孔隙度为 0、粒间孔胶结指数为 2 的情况。由脊线向右延伸的肋线代表了粒间基质孔岩石中孔洞孔隙度逐渐增加时地层因素的变化趋势，向右延伸的不同脊线代表了不同基质孔隙度下的孔洞对地层因素的影响。从理论计算结果可以看出，当存在孔洞时，地层因素略小于基质（孔洞孔隙度为 0）地层因素，而此时总孔隙度大于基质孔隙度，因此胶结指数增大。当基质孔隙度相同时，随着孔洞孔隙度的增大，胶结指数增大；当孔洞孔隙度相同时，随着基质孔隙度的增大，孔洞对地层因素及胶结指数的影响减弱。

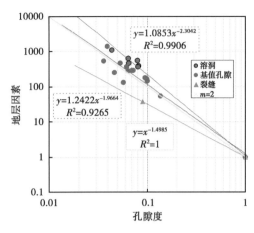

图 5-3-3 不同孔隙类型地层因素实验结果

图 5-3-3 是鄂尔多斯盆地马五$_{1+2}$段地层因素与孔隙度关系的实验结果，从图中可以看出不同类型储层的 m 存在较大差异，总体规律是以原生基质孔隙为主的储层的 m 在 2.0 左右；当储层溶蚀孔洞发育时，胶结指数增大，在 2.3 左右，与前面的理论分析结果一致。

为了研究孔洞对碳酸盐岩电阻增大率与含水饱和度关系的影响规律，孙文杰等（2014）制作了具有特定孔洞特征的岩心并开展了驱替岩电实验研究。加工的孔洞岩心参数见表 5-3-1。为了考察加工工艺是否会对岩电关系造成影响，从同一岩心柱的相邻部位选取了两块岩心，其中一块没有经过任何孔洞加工，另一块岩心先剖开再用可渗透性胶粘合（未造孔洞）。实验结果显示，这两块岩心的岩电曲线重合度为 0.92，说明孔洞制造工艺未对岩电关系造成显著影响。

表 5-3-1　实验岩心参数表

编号	ϕ（%）	K（mD）	加工工艺	孔洞孔隙度（%）
3	14.93	26.6	剖开，中心造单孔，粘合	20
4	14.88	26.9	剖开，一端造单孔，粘合	20
5	14.97	26.4	剖开，中心造4孔，粘合	20
6	14.94	26.0	剖开，中心造6孔，粘合	20
7	17.74	26.7	剖开，中心造单孔，粘合	35
8	21.59	27.7	剖开，中心造单孔，粘合	50

3#样品和4#样品具有相同孔洞孔隙度及孔洞个数，但是孔洞在岩心中的具体位置存在差异，其中3#样品孔洞位于样品的中间，4#样品孔洞位于样品的一端。孔洞在不同位置的岩电实验结果如图 5-3-4 所示，从图中可以看出，孔洞位置不同，I—S_w 曲线出现小平台的

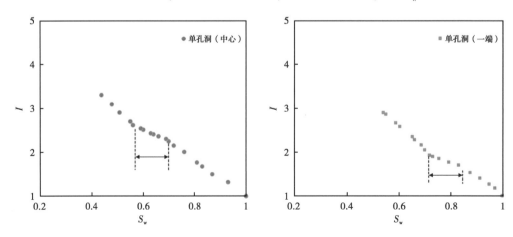

图 5-3-4　孔洞位置对岩电关系的影响

时刻（与含水饱和度对应）不一样。

3#样品、5#样品和6#样品孔洞孔隙度均为20%，但是孔洞的数量不同，其中3#样品含有1个孔洞，5#样品含有4个孔洞，6#样品含有6孔洞。具有不同孔洞数量岩心的实验结果如图5-3-5所示，随着孔洞数目的增多，其电阻增大率增大的速度变小，反映到岩电关系曲线形态上，即曲线往左下方偏移，变化速度越来越缓。

3#样品、7#样品和8#样品孔洞孔隙度分别为20%、35%、50%，如图5-3-6所示，孔洞孔隙度的大小影响I—S_w曲线向下弯曲的程度及"平台"段的展宽，孔洞孔隙度越大，I—S_w曲线向下弯曲的程度越大、"平台"段延展越宽，反之孔洞孔隙度越小，I—S_w曲线向下弯曲的程度越小、"平台"段延展越窄。从不同孔洞数量、位置的岩电实验结果可以看出，孔洞岩心I—S_w关系变化的总体规律为未充填孔洞使电阻增大率增大的速度减小，在孔洞位置处I—S_w曲线出现小的平台。

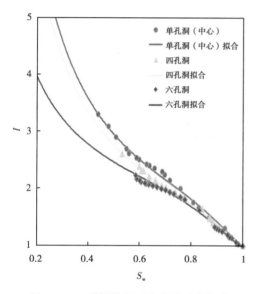

图5-3-5　孔洞数量对岩电关系的影响

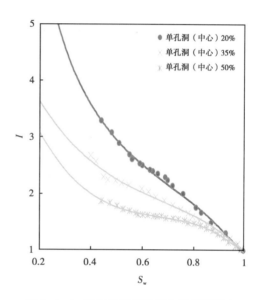

图5-3-6　孔洞孔隙度对岩电关系的影响

对所有孔洞模型岩电实验结果利用李宁等（2009）提出的通用模型进行拟合，得到最佳函数形式为：

$$I = \frac{p_1}{S_w^{n_1}} + \frac{p_2}{S_w^{n_2}} \qquad (5-3-1)$$

式中，I为电阻增大率；S_w为含水饱和度；n_1，n_2，p_1，p_2为待定系数。

利用水电相似原理，孙文杰等（2014）分析指出孔洞型储层测井饱和度方程中参数n_1和n_2为与储层基质孔隙大小分布和溶蚀孔洞大小分布有关的物理量，上述参数表征了孔洞型储层中基质孔隙及溶蚀孔洞的发育及分布情况，同时给出了一种用现有测井方法确定孔洞型储层测井饱和度解释方程待定参数的方法。

二、孔洞型储层饱和度计算应用实例

1. 四川盆地寒武系龙王庙组

四川盆地寒武系龙王庙组碳酸盐岩储层受表生岩溶的影响，在颗粒滩孔隙型储层的基础上发育不均匀孔洞（图5-3-7），该类储层在压汞曲线上反映为排驱压力低、中值压力高、喉道分选差、最大进汞饱和度低等特征（图5-3-8）。四川盆地安岳气田寒武系龙王庙组发育裂缝—孔洞型储层。通过对多种岩电实验方法、流程的反复对比研究，认为采用半渗透隔板法、围压30MPa、实际地层水及岩心洗盐等实验条件下测得的岩电参数较为可信，与实际测井资料、测试结果最为吻合。根据实验结果拟合得到的 a 为1.04，b 为1.02，m 为2.28，n 为1.79（图5-3-9、图5-3-10），采用该岩电参数对龙王庙组储层含气饱和度进行系统的计算。

图5-3-7 龙王庙组孔洞型储层岩心照片

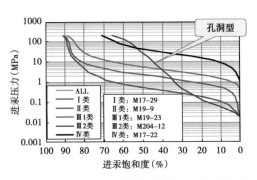

图5-3-8 龙王庙组孔洞型储层压汞曲线特征

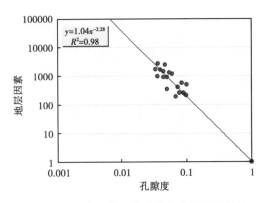

图5-3-9 龙王庙组孔隙度与地层因素关系

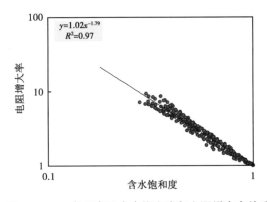

图5-3-10 龙王庙组含水饱和度与电阻增大率关系

如图5-3-11所示，两者变化趋势基本一致且数值接近，该段岩心分析平均含气饱和度为88.5%，测井计算该段含气饱和度平均值为84.1%，平均绝对误差为4.4%。该井在4640~4669m、4672~4691.5m井段日产气 $11.45 \times 10^4 m^3$，不产水，证明了采用该套岩电参数计算的含水饱和度是可靠的。

2. 四川盆地震旦系灯影组

四川盆地震旦系灯影组以裂缝—溶洞型储层为主，储层非均质性较强，缝洞发育。为确

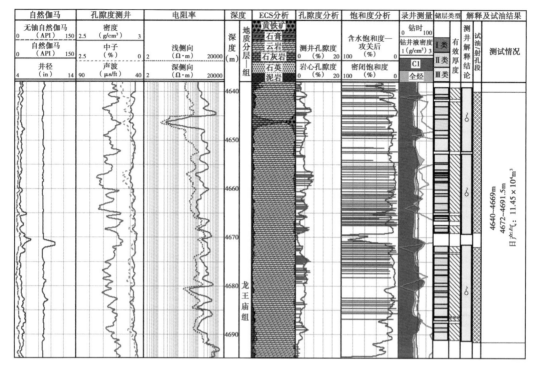

图 5-3-11　MXB 井龙王庙组常规测井计算饱和度与密闭取心饱和度对比

定灯影组储层岩电参数，系统开展了全直径岩心岩电实验研究，最终通过地层因素与孔隙度、电阻增大率与含水饱和度的关系（图 5-3-12、图 5-3-13），在考虑了岩性、孔隙结构及地层条件后拟合得到的 a 为 1.0，b 为 1.0，m 为 1.95，n 为 2.0。采用该套岩电参数对灯影组储层含气饱和度进行系统计算。

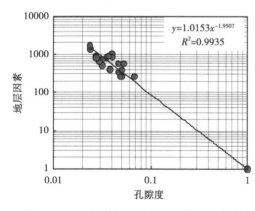

图 5-3-12　灯影组孔隙度与地层因素关系

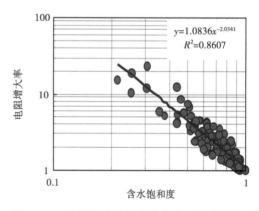

图 5-3-13 灯影组含水饱和度与电阻增大率关系

如图 5-3-14 所示，5260.1～5349.7m 为密闭取心段。从岩心含气饱和度与测井计算含气饱和度对比可以看出，两者变化趋势基本一致且数值接近；该段岩心平均含气饱和度为72.7%，测井计算该段含气饱和度平均值为 75.9%，平均绝对误差为 3.2%。该井测井共解

123

释12段气层，其中灯四段上亚段气层段有效厚度累计34.2m，平均孔隙度为3.2%，平均含水饱和度为29.0%；灯四段下亚段气层段有效厚度累计27.5m，平均孔隙度为3.8%，平均含水饱和度为16.6%。2014年6月28日该井灯四段射孔酸化，测试井段5091.0~5126.0m、5203.0~5210.0m、5250.0~5252.0m、5262.0~5264.0m、5337.5~5345.0m，日产气105.65×10^{4}m^3，与测井解释结果相符，证明了含气饱和度计算的可靠性。

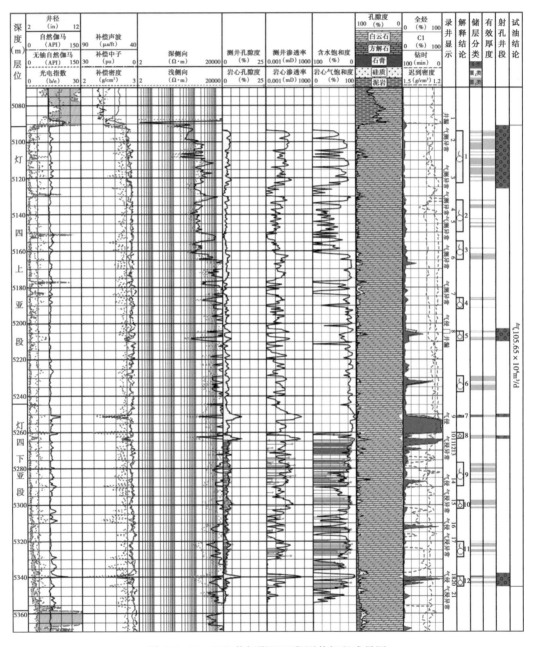

图5-3-14　GSC井灯影组四段测井解释成果图

第四节　裂缝—孔洞型储层岩电特征

碳酸盐岩储层中裂缝对储层电阻率具有重要影响。含裂缝储层电性的复杂性主要源于以下两个原因：（1）裂缝的迂曲度很小，为电流提供了良好的导电路径；（2）裂缝的存在极大提高储层渗透率，使得井眼环境下钻井液的侵入影响更加显著。为了深入认识含裂缝碳酸盐岩储层的电性特征，首先介绍裂缝对电性影响的理论及实验研究结果，然后进一步讨论含裂缝储层地层因素确定及含油气饱和度计算方法。

一、裂缝—孔洞型储层岩电规律

裂缝性岩石的岩电实验至今仍很难实现，但通过理论分析及数值计算，能够深化对含裂缝储层岩电参数变化规律的认识。在鄂尔多斯盆地孔隙型岩石岩电实验的基础上，根据双重孔隙介质岩电参数理论，利用 Rasmus 模型模拟了岩石中裂缝对岩电参数响应的影响，结果如图 5-4-1 所示。裂缝对地层因素的影响非常明显，尤其是在基质孔隙度较小的致密岩石中，0.5% 的裂缝孔隙度可使地层因素降低近一个数量级；随着基质孔隙度的增大，裂缝对地层因素的影响降低，当基质孔隙度达到 40% 时，裂缝对地层因素基本没有影响。图 5-3-3 是鄂尔多斯盆地马五$_{1+2}$段地层因素与孔隙度的实验结果，当储层存在裂缝时，胶结指数降低，在 1.5 左右。随着裂缝孔隙

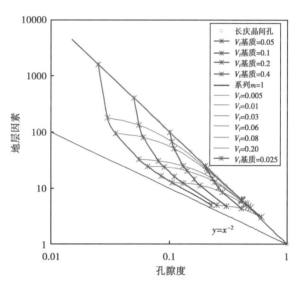

图 5-4-1　裂缝对地层因素的影响

度的增大，胶结指数降低，这是大家普遍认同的，但胶结指数降低的具体程度及如何准确确定胶结指数，还有待进一步研究。

为了考察裂缝对电阻增大率及饱和度指数的影响，通过理论计算分析了不同裂缝饱和度下电阻增大率变化的规律，图 5-4-2 是不同基质孔隙度下的理论计算结果，其中图 a 基质孔隙度大于图 b 基质孔隙度。从图中可以看出，在不同的基质饱和度中，若岩石致密（基质孔隙度为 5%），随裂缝孔隙中含水饱和度的增大，电阻增大率急剧减小，且基质含水饱和度越低，电阻增大率降幅愈大（图 5-4-2a）；若岩石基质孔隙度较大（为 20%），裂缝的含水饱和度对电阻增大率的影响变弱，且当基质含水饱和度较高时，裂缝的影响可以忽略不计（图 5-4-2b）。说明裂缝对高含气饱和度储层影响很大，其次裂缝对饱和度指数的影响要大于孔洞的影响。

图 5-4-3 是马家沟组两块含裂缝碳酸盐岩岩心的 CT 图像，可以看出这两块岩心中分别

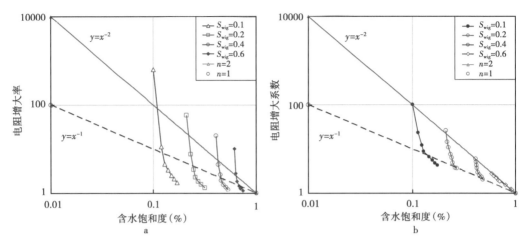

图 5-4-2　裂缝对碳酸盐岩饱和度指数的影响

含有一条裂缝，结果如图 5-4-4 所示。根据实验结果可以获得以下两点认识：（1）含裂缝岩心的降饱和非常困难，这两块岩心驱替结束时的含水饱和度分别为 70%、82%；（2）含裂缝岩心的饱和度指数明显偏低，根据这两块含裂缝岩心实验结果计算的饱和度指数为1.49。

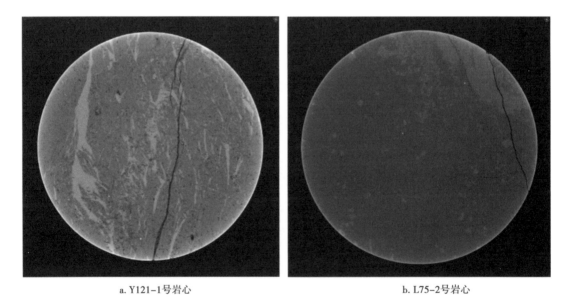

a. Y121-1号岩心　　　　　　　　　　　　　　　b. L75-2号岩心

图 5-4-3　两块含裂缝岩心 CT 图像

另外，选择华北油田雾迷山组储层柱塞岩心开展了岩心在不同裂缝宽度下的电阻率实验，岩心裂缝宽度与电阻率实验数据见表 5-4-1。实验条件：测试围压 2.5MPa、温度 15℃，实验中地层水矿化度为 30000mg/L，溶液电阻率为 0.23Ω·m。

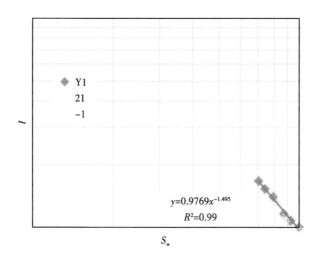

图 5-4-4　含裂缝岩心半渗透隔板气驱岩电实验结果

表 5-4-1　岩心裂缝宽度与电阻率实验数据

岩心编号	长度（cm）	直径（cm）	裂缝宽度（mm）	电阻率（Ω·m）	R_f/R_0
R28_6 号	3.768	2.51	0	253.1	1
			0.01	88.9	0.351
			0.1	40.8	0.161
			0.2	26.5	0.105
			0.4	16.2	0.064
			0.6	14.4	0.057
WG4_3 号	4.3	2.516	0	135.8	1
			0.01	61.6	0.454
			0.1	28.7	0.211
			0.2	24.7	0.182
			0.4	12.2	0.090
			0.6	12.1	0.089
ND101_3 号	3.9	2.51	0	131.8	1
			0.01	55.8	0.423
			0.1	33.8	0.257
			0.2	18.8	0.143
			0.4	13.2	0.101
			0.6	13.8	0.096

注：R_0 表示岩心未破缝时的电阻率，R_f 为人工破缝并在不同裂缝宽度下测量的岩心电阻率。

考虑到即使不含裂缝，3块岩心完全饱含水时的电阻率也可能存在差异，为了准确反映裂缝对电阻率的影响，定义了R_f/R_0，图5-4-5为3块岩心各自的R_f/R_0与裂缝宽度的关系图。从图中可以看出，不同岩心不同裂缝宽度下的电阻率变化规律相近，即随着裂缝宽度的增大，电阻率急剧降低。实验数据定量分析结果表明，R_f/R_0与裂缝宽度的关系式为：

$$R_\text{f}/R_0 = 0.4523\text{e}^{-3.5267w} \tag{5-4-1}$$

式中，w为裂缝宽度，mm。

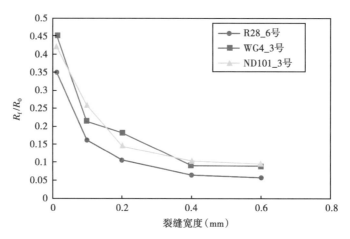

图5-4-5　不同岩心裂缝宽度与R_f/R_0关系图

式（5-4-1）给出了裂缝宽度对碳酸盐岩电阻率影响的定量关系，利用该关系，在测井资料处理及分析的时候，不仅能够对裂缝的影响有一定性的认识，而且可以进行电阻率定量校正。

由于含裂缝储层饱和度模型的研究难度很大，目前关于这方面的报道也相对较少。Fraser（1958）提出了计算碳酸盐岩油气饱和度的公式：

$$S_\text{wt} = \frac{\phi_\text{f}}{\phi_\text{t}}S_\text{wf} + \left(1 - \frac{\phi_\text{f}}{\phi_\text{t}}\right)\sqrt[n]{\frac{aR_\text{w}}{R_\text{tm}\phi_\text{m}^{m}}} \tag{5-4-2}$$

式中，ϕ_t为岩石总孔隙度；ϕ_f为裂缝孔隙度；ϕ_m为岩石基块孔隙度；S_wt为总孔隙含水饱和度；S_wf为裂缝孔隙含水饱和度；R_tm为岩石基块电阻率，$\Omega\cdot\text{m}$。

分析式（5-4-2）表明，裂缝含水饱和度同基质含水饱和度是严格相加的，且基质含水饱和度满足阿尔奇公式，因此在利用上式计算含水饱和度时，需求得基块电阻率，限制了其应用。

通过前文分析可知，裂缝对储层岩石的电性具有显著影响，而沿用确定基质饱和度的方法来确定裂缝饱和度是不现实的，特别是基于柱塞岩样的实验结果更是如此。近些年来，数值岩心实验方法的快速发展为解决这一复杂问题提供了手段。但仅仅依靠数值岩心实验，由于没有经过实际岩心标定，往往只能得到曲线相对变化规律的认识，尚不能用于实际定量计算。解决这个问题的科学思路是：用实际岩心实验结果作为边界条件对数值岩心实验进行约束，使数值岩心实验过程在实际岩心实验刻度范围内进行。这样得到的数值模拟实验结果就具有了较高的可靠性和置信度，因而可以用于实际处理解释。下面进一步介绍岩心刻度数值模拟及裂缝饱和度计算的具体方法。

图 5-4-6 是针对含裂缝储层在考虑裂缝存在情况下所做的数值模拟实验结果中的一个，模拟的是当基质孔隙度为 4.6%，裂缝孔隙度从 0 变化到 0.3% 时的情况。为了使数值模拟结果能够反映真实裂缝储层的特征，采用了全直径岩心实验数据、密闭取心结果对数值模拟左右两个边界进行刻度。图中黑色曲线是当裂缝孔隙度为 0 时，全直径岩心含水饱和度—电阻增大率实验曲线；绿色曲线上的棕色数据点是裂缝层段（裂缝孔隙度为 0.3%）密闭取心饱和度分析结果；红色、蓝色曲线是在全直径岩心资料及密闭取心分析点共同约束下利用数值岩心实验得到的裂缝孔隙度为 0.1%、0.2% 时的结果，显然这一结果经过了真实岩心实验和密闭取心分析结果的刻度，可以用于实际资料处理。用图 5-4-6 计算裂缝饱和度的原理是当电阻增大率为某一数值时，若地层裂缝孔隙度为 0，含水饱和度由最右边的曲线确定（图 5-4-6 中最右边的箭头）；若地层含有裂缝，则实际含水饱和度根据裂缝孔隙度由相应的曲线确定（图 5-4-6 中中间的箭头）。

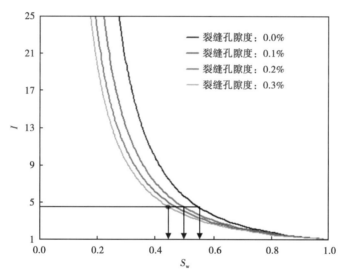

图 5-4-6　裂缝储层岩心刻度数值模拟结果

二、裂缝—孔洞型储层饱和度计算应用实例

SHD 井马五$_1$ 段为裂缝—孔洞型储层，晶间孔发育，岩石中膏岩类易溶矿物溶解形成铸模孔，随之进一步扩大为溶蚀孔，并与多种裂缝连通提高了储层的孔渗特性，同时使得岩石电阻率降低。利用裂缝储层饱和度计算公式对该井段的含气饱和度进行了计算，计算结果与密闭取心分析饱和度有很好的对应关系（图 5-4-7）。马五$_1^2$、马五$_1^3$ 三层合试结果为日产气 $43.917 \times 10^4 m^3$（无阻流量），试气结果进一步证实了含气饱和度计算结果的准确性。

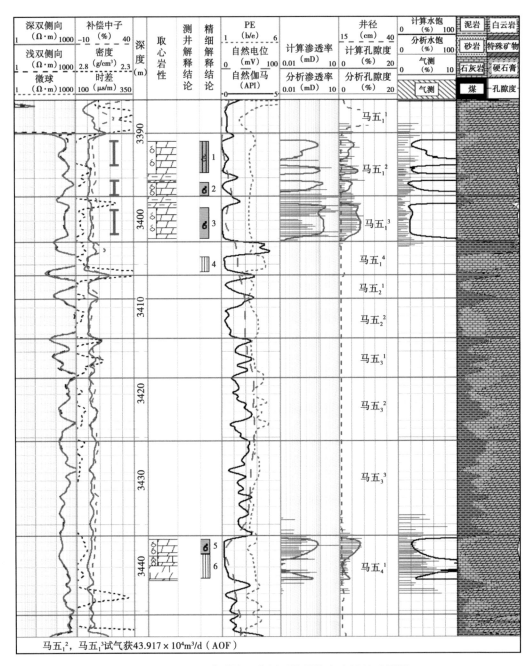

图 5-4-7　SHD 井裂缝—孔洞型储层饱和度计算成果图

第六章　产能级别预测技术

产能是油气储层动态特征的综合指标，是储层生产潜力和各种影响因素之间在相互制约过程中达到的某种动态平衡。通过测井手段获取的储层参数主要反映了储层的静态特征，而对其动态特征却极少有直接的反映，利用测井资料进行油气储层产能预测的主要目的就是力图使这种"静态"向"动态"转变，即在充分分析工区内已有的测井、试油和岩心分析数据基础上，建立储层产能与测井数据之间的对应关系，进而利用测井数据评价和预测储层的产能。

第一节　孔隙度谱产能级别预测

在充注程度相近的同一气藏，或成藏条件相似的不同气藏，碳酸盐岩储层的产能取决于储层的储集性能和渗流能力，常规测井在碳酸盐岩孔隙度确定方面有相对完善的理论和计算方法，而储层的渗透性计算，至今仍是一个难题。因而利用常规测井技术预测缝洞型碳酸盐岩储层十分困难。本节主要探讨如何利用测井新技术预测碳酸盐岩储层的产能级别。

一、孔隙度谱产能级别预测的方法原理

成像测井的高分辨率点阵式测量方式，能够精细描述孔洞缝网络体系的结构特征。对缝洞体系的精细刻画蕴含了产能预测的潜能。利用成像测井的孔隙度谱可以预测碳酸盐岩储层的产能级别。孔隙图像数据在采样窗口里可以绘制成包含孔隙度大小的孔隙度谱，孔隙度谱可由 5 个特征参数确定，详见第三章。在孔隙度谱的表征参数中，能反映储集性能和渗透能力的参数为孔隙谱均值和方差（或变异系数）（图 6-1-1）。利用孔隙度谱均值和方差（或

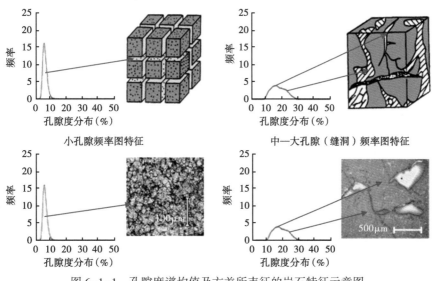

小孔隙频率图特征　　　　　　　　　中—大孔隙（缝洞）频率图特征

图 6-1-1　孔隙度谱均值及方差所表征的岩石特征示意图

变异系数），可以对非均质碳酸盐岩储层的有效性进行综合评价。

孔隙度谱均值即为孔隙度谱视平均总孔隙度，孔隙度谱方差即为统计窗长内钮扣电极对应的孔隙度与视平均总孔隙度的偏离程度。孔隙度谱均值、方差的交会图具有特定的物理意义，孔隙度谱均值代表了储层储集性能的强弱，均值越大，储集性能越好；孔隙度谱方差代表了储层的非均质性，孔隙度谱方差越大，表示储层孔隙度分布范围宽，储层的渗透性好。对气层、差气层、干层的孔隙度谱均值和方差作交会图，交会数据点可以分为 4 个区域（图 6-1-2），分别对应了高产层（Ⅰ）、中高产层（Ⅱ）、中低产层（Ⅲ）和非产层（Ⅳ）的概率范围，有明确的物理意义和解释标准。其中中高产层和中低产层是指需要一定工程技术后能达到一定产能标准的产层。

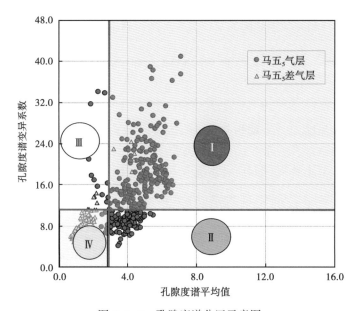

图 6-1-2　孔隙度谱分区示意图

交会点在Ⅰ区占有一定优势，表明该储层段不仅有大的孔隙度成分，储集能力强，而且大小孔隙的分布范围宽，孔洞缝之间的搭配好，有很好的连通性。试气可以获得高产，产能在 $10 \times 10^4 \mathrm{m}^3/\mathrm{d}$ 以上。

交会点在Ⅱ区占有一定优势，表明该储层有较好的储集性能力，但裂缝不发育，储层的渗流能力较有裂缝发育的储层弱，该类储层一般为孔隙型似均质性储层。经工程措施后，可获得中高产能，产能在 $4 \times 10^4 \sim 10 \times 10^4 \mathrm{m}^3/\mathrm{d}$。

交会点在Ⅲ区占优势，表示孔隙度低，多数为致密晶间孔型储层，但裂缝发育，储层连通性较好。措施后有中等或中低产能，产能在 $0.5 \times 10^4 \sim 4 \times 10^4 \mathrm{m}^3/\mathrm{d}$。

交会点在Ⅳ区占优势，表示储集能力和渗流能力都很弱，大多为泥晶云岩储层，孔隙不发育，同时裂缝也不发育，连通性差，为低产层或非产层，产能低于 $0.5 \times 10^4 \mathrm{m}^3/\mathrm{d}$。

二、产能级别的特征

碳酸盐岩由于强烈的非均质性，准确预测储层产能极其困难。但是，储层的产能依然受控于储层的储集性能和渗流能力，因此，能够表征储层储渗能力的测井评价方法就可以有效划分产能级别。而孔隙度谱均质和变异系数的交会图可以划分产能级别。

1. 高产层特征

高产层的特点是既要有好的储集性能，又要有好的渗透能力。孔隙度谱的均值和方差交会点在Ⅰ区占有一定优势。如 TA 井位于盆地北部岩溶斜坡区，储层段溶蚀作用较强，普遍发育溶孔和微裂缝。从孔隙度谱的形态来看（图 6-1-3），储层段不仅有大的孔隙度成分，储集能力强，而且大小孔隙度的分布范围宽，孔洞缝之间的搭配好，有很好的连通性，交会点大部分分布Ⅰ区（图 6-1-4）。该井试气获得高产，产能 $31.53×10^4 m^3/d$。

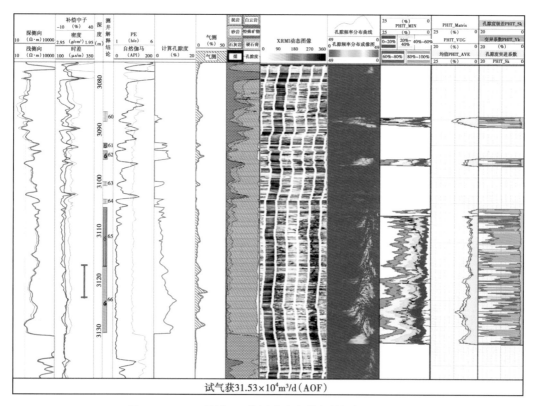

图 6-1-3　TA 井马五$_5$储层孔隙度谱有效性评价成果图

2. 中产层特征

中产层的特点是有较好的储集性能，但是岩石裂缝不发育，这类储层的典型代表是似均质性晶间孔型储层。如 SHB 井位于岩溶斜坡区，孔隙类型主要为晶间溶孔和晶间孔为主，储层物性好，但裂缝不发育。从孔隙孔隙度谱的形态来看（图 6-1-5），储层段孔隙孔隙度谱幅度较高，但谱的范围较窄，储集能力强，渗流能力相对较弱，成像测井孔隙度度谱的均值和变异系数交会点大部分分布Ⅱ区（图 6-1-6）。该井经工程措施后，获得 $8.6573×10^4 m^3/d$ 的中高产能。

3. 低产层特征

低产层的表现复杂，主要是岩石的孔隙度较小，储集性能较差，大多为致密晶间孔型储层；但该类储层裂缝发育，储层渗透性好。如 SHC 井位于岩溶盆地内，溶蚀作用弱，储层较

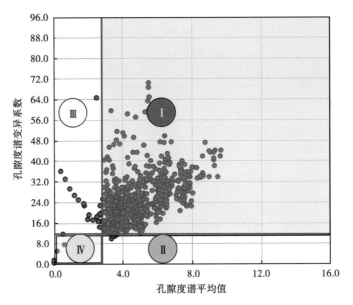

图 6-1-4　TA 井马五$_1^3$储层孔隙度谱均值与变异系数交会图

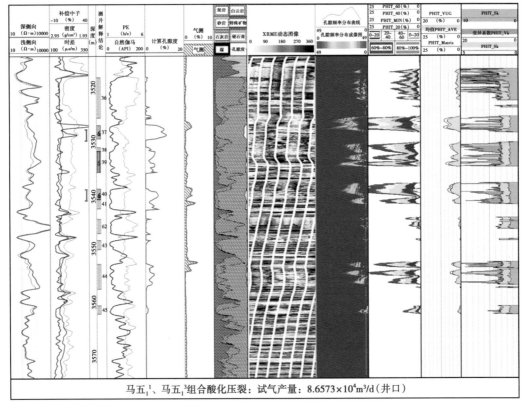

马五$_1^1$、马五$_1^3$组合酸化压裂：试气产量：$8.6573 \times 10^4 \text{m}^3$/d（井口）

图 6-1-5　SHB 井马五$_{1+2}$储层孔隙度谱有效性评价成果图

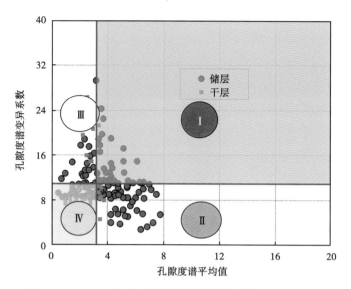

图 6-1-6 SHB 井马五$_1^3$储层孔隙度谱均值与方差交会图

致密，由于后期构造抬升中应力的作用，裂缝异常发育。储层段孔隙度谱的形态（图 6-1-7）展布范围宽，但谱峰幅度低，表明储集能力较弱，但渗流能力强，孔隙度谱的均值和变异系

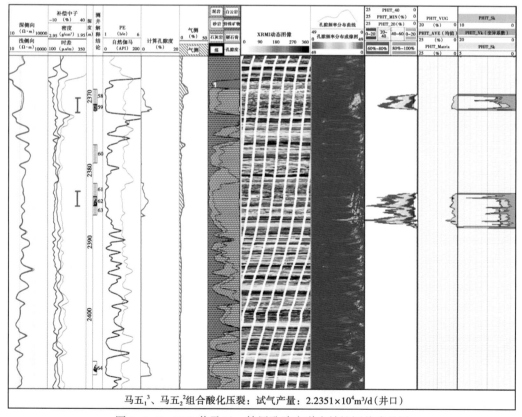

马五$_1^3$、马五$_2^2$组合酸化压裂：试气产量：2.2351×10^{4}m^3/d（井口）

图 6-1-7 SHC 井马五$_{1+2}$储层孔隙度谱有效性评价成果图

数交会点大部分分布Ⅲ区（图 6-1-8）。该井经工程措施后，获得 $2.2351 \times 10^4 \text{m}^3/\text{d}$ 的产能。

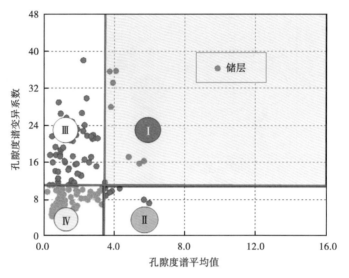

图 6-1-8　SHC 井马五$_{1+2}$储层孔隙度谱均值与变异系数交会图

4. 非产层特征

非产层的特点是岩石致密，孔隙不发育，同时连通性差，裂缝也不发育。如 SHD 井位于岩溶盆地内，溶蚀作用弱，储层致密，裂缝不发育。储层段孔隙孔隙度谱的形态（图 6-1-9）展布范围窄，谱峰幅度低，表示孔隙和裂缝均不发育，孔隙度谱的均值和变异系数交会点大

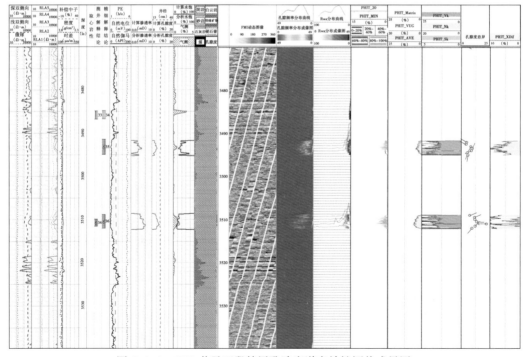

图 6-1-9　SHD 井马五段储层孔隙度谱有效性评价成果图

部分分布Ⅳ区（图6-1-10）。该井经工程措施后，获得 $0.06×10^4m^3/d$ 的产能。

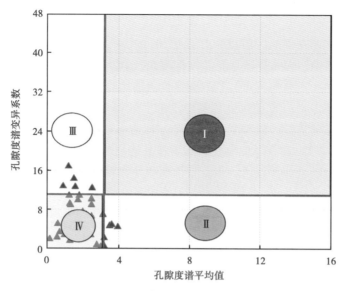

图 6-1-10　SHD 井马五$_1^3$ 储层孔隙度谱均值与方差交会图

通过对靖边气田及靖西岩溶风化壳储层 100 余口井的成像测井孔隙度谱解释表明，孔隙度谱产能分级评价技术很好地解决了非均质碳酸盐岩储层的产能预测难题，为气层识别和优势相储层的划分提供技术支持。在此基础上，综合运用图像特征、孔隙度谱特征、岩溶相带特征，形成了鄂尔多斯盆地风化壳储层成像测井产能评价模式（图6-1-11）。

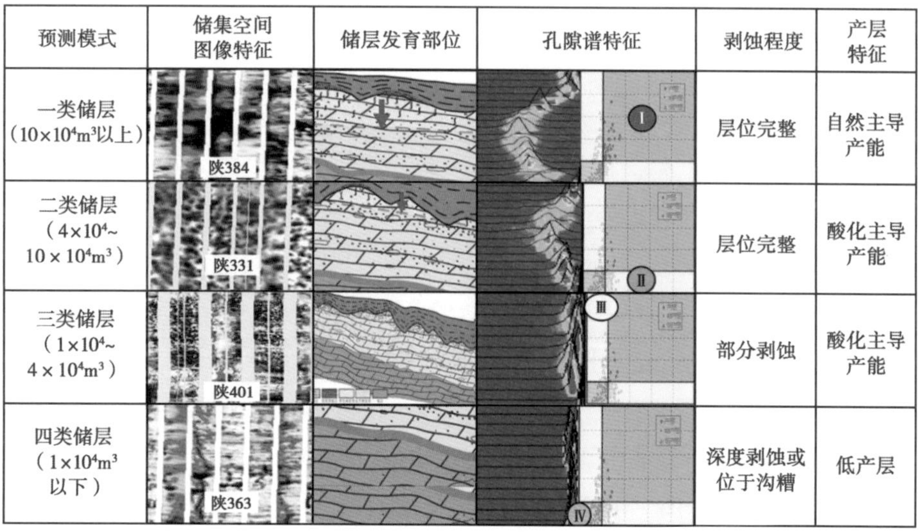

预测模式	储集空间图像特征	储层发育部位	孔隙谱特征		剥蚀程度	产层特征
一类储层（$10×10^4m^3$以上）	陕384			Ⅰ	层位完整	自然主导产能
二类储层（$4×10^4$~$10×10^4m^3$）	陕331			Ⅱ	层位完整	酸化主导产能
三类储层（$1×10^4$~$4×10^4m^3$）	陕401		Ⅲ		部分剥蚀	酸化主导产能
四类储层（$1×10^4m^3$以下）	陕363			Ⅳ	深度剥蚀或位于沟糟	低产层

图 6-1-11　风化壳储层产能评价模式图

第二节 储层品质指数产能级别预测

四川盆地乐山—龙女寺地区震旦系灯影组和寒武系龙王庙组作为最古老的油气勘探层系，储层具有多期溶蚀、多重介质、孔隙结构复杂、岩溶发育、硅质等充填作用强以及非均质、似均质储集体相互重叠的特点，其产能评价更加困难。

现有预测技术缺点：（1）储层测井孔隙度和有效厚度使用的是储层加权平均值，未用储层分类后的储层参数进行产能预测；（2）测井渗透率根据岩心孔隙度和渗透率关系计算，忽略了缝洞的影响；（3）没有考虑裂缝和溶洞及其连通性对产能的影响；（4）现有技术主要适用于均质储层。随着测井技术进步，除常规测井资料外，采用电成像、阵列声波等特殊测井反映储层品质，使测井储层预测技术往前推进了一大步。

一、储层品质指数 RQ 计算模型

储层产能在很大程度上取决于储层品质，而储层品质受控因素很多，其与岩性、物性、含油气性等有关。利用测井资料可反映其受控因素，如电成像测井反映裂缝和孔洞发育程度、斯通利波能量反映渗透性、常规测井反映储层厚度和孔隙度、电阻率反映储层连通性，含气性采用录井全烃值直观反映。这些因素并非简单的函数关系。由此提出了储层品质指数 RQ 反映储层品质，其计算方法如下：

$$RQ = f(\phi)\,W_1 + f(H)\,W_2 + f(R_t)\,W_3 + f(ASTC)\,W_4 + f(TG)\,W_5 + f(VUG, FP)\,W_6$$

式中，RQ 为储层品质指数，无量纲，$0 < RQ < 1$；ϕ 为孔隙度，%；H 为储层厚度，m；R_t 为深侧向电阻率，$\Omega \cdot m$；ASTC 为归一化和井眼校正后的斯通利波能量衰减，%；TG 为全烃，%；VUG 为面孔率，%；FP 为裂缝孔隙度，%；W_1 至 W_6 为 6 项指标的权系数。

RQ 涉及变量较多，增加了计算的复杂性，因此，需对这些变量加以"改造"，用较少的互补相关的新变量来反映原变量所提供的绝大部分信息。通过单因素分析，如图 6-2-1 所示，确定基质孔隙（分 I 类、II 类、III 类）、斯通利波能量和缝、洞发育程度以及储层厚度（分 I 类、II 类、III 类）是储层品质主控因素。

对于灯影组裂缝—孔洞型储层，RQ 计算模型可优化为：

$$RQ = f(\phi_I)W_I + f(\phi_{II})W_{II} + f(\phi_{III})W_{III} + f(H_I)W_I + f(H_{II})$$
$$W_{II} + f(H_{III})\,W_{III} + f(ASTC)W_4 + f(H_{por}, FP)\,W_5$$

式中，H_{por} 为电成像测井面孔率，%；ϕ_I、ϕ_{II}、ϕ_{III} 分别为 I 类、II 类、III 类储层孔隙度，%；H_I、H_{II}、H_{III} 分别为 I 类、II 类、III 类储层厚度，m；W_I、W_{II}、W_{III} 分别为 I 类、II 类、III 类储层权系数；W_4、W_5 分别为斯通利波能量衰减和缝洞参数的权系数。

对于龙王庙组，储层段溶蚀孔洞普遍发育，试产资料表明储层具有视均质的特征，RQ 计算模型可进一步优化为：

$$RQ = f(\phi_I)W_I + f(\phi_{II})W_{II} + f(\phi_{III})W_{III} + f(H_I)W_I + f(H_{II})$$
$$W_{II} + f(H_{III})W_{III} + f(ASTC)W_4$$

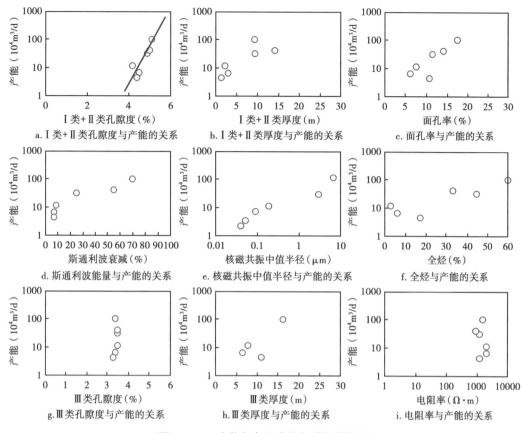

图 6-2-1　产能与各因素的相关性分析图

二、RQ 产能预测模型

根据单井 RQ 计算结果，并结合试油资料，分别建立了龙王庙组、灯影组 RQ 与测试产能 Q 之间关系（图 6-2-2）。

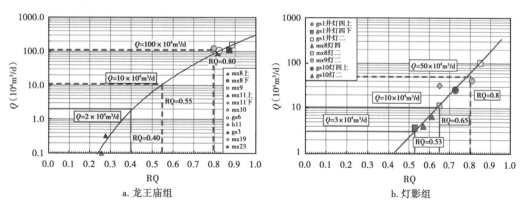

图 6-2-2　龙王庙组、灯影组 RQ 与 Q 关系图

从图中可以看出，RQ 与测试产量呈正相关关系；因此，根据 RQ 与测试产量的关系，可以建立龙王庙组及灯影组储层产能预测模型：

龙王庙组： $Q = 306.4RQ^{5.6}$

灯影组： $Q = 0.0058e^{11.5RQ}$

式中，Q 为日产气量，$10^4 m^3$。

三、储层品质综合评价标准

根据上述方法，分别建立了灯影组和龙王庙组储层品质评价标准：

灯影组优质储层：RQ ≥ 0.65，$Q \geqslant 10 \times 10^4 m^3/d$；中等储层：$0.53 \leqslant RQ < 0.65$，$3 \times 10^4 m^3/d \leqslant Q < 10 \times 10^4 m^3/d$；差储层：RQ < 0.53，$Q < 3 \times 10^4 m^3/d$。

龙王庙组优质储层：RQ ≥ 0.55，$Q \geqslant 10 \times 10^4 m^3/d$；中等储层：$0.4 \leqslant RQ < 0.55$，$3 \times 10^4 m^3/d \leqslant Q < 10 \times 10^4 m^3/d$；差储层：RQ < 0.4，$Q < 3 \times 10^4 m^3/d$。

截至 2014 年底，对灯影组 23 口井 127 层进行产能预测，符合 96 层，符合率 75.6%；对龙王庙组 25 口井 74 层进行产能预测，符合 56 层，符合率 75.7%

第三节   CT70 孔隙度产能级别预测

储层的孔隙类型及特征等是影响油气产出的重要因素。由于碳酸盐岩缝洞型储层存在基质、次生缝洞等不同类型的孔隙空间，孔隙结构异常复杂，使得储层产能预测存在巨大困难。

岩石微观孔隙结构特征影响油气在储层中的分布及流动，进而影响储层的渗透性及有效性，因此，储层孔隙特征特别是孔隙空间连通性的研究对缝洞型储层测井评价具有重要作用。目前，能够直接获取岩石孔隙结构的实验手段主要包括薄片、电镜及 CT。薄片分析是制作岩样薄片，通过偏光、荧光显微镜或电子扫描显微镜进行观察鉴定。采用图像处理技术，通过显微成像获得岩石的薄片图像，计算其中孔隙和颗粒的等级分布、几何形态、平均孔喉比等大量数据，实现孔隙和颗粒参数的定量化分析。根据二维岩石薄片包含的信息，依据体视学的原理，可以推断其三维结构，但对于那些随着维数变化而变化的参数，体视学的分析存在局限性。铸体薄片主要反映连通孔隙的二维特征，难以反映孤立孔隙的空间分布及发育情况。电镜的分辨率高，可以获得岩心精细的孔喉特征，但其缺点在于只能获得二维孔隙结构特征，无法获得孔隙的空间连通特性等三维特征。此外，电镜分析的样品体积很小，基本上只能反映基质及微孔隙的特征，无法获得裂缝、溶洞等较大尺度次生孔隙的特征。高分辨率 CT 是近年来逐渐发展起来的一种岩心三维孔隙结构分析技术，其优点在于可以直接获得岩心真实的三维孔隙结构，且属于无损测量，方便，耗时短。

储层本身的孔渗特性是控制产能的最重要因素，因而建立一种以客观评价储层孔渗特性为核心的产能预测方法，对碳酸盐岩储层评价具有重要意义。对我国中西部深层碳酸盐岩储层而言，目前产能预测的重点是产气量预测，它直接决定储层的工业开采价值。针对该问题，研究提出了一种应用 CT 分析及核磁测井资料预测碳酸盐岩储层产气量的方法，并在西南油气田震旦系灯影组和寒武系龙王庙组的碳酸盐岩储层测井评价中获得了很好的验证。

一、岩心 CT 基本原理

CT 成像实质上是利用 X 射线穿透检测目标后的衰减特性作为理论依据，在物理学特性上，CT 与普通 X 射线检测原理一致，都符合 X 射线强度衰减规律，其数学公式为：

$$I = I_0 e^{-\mu d} \tag{6-3-1}$$

式中，I 为 X 射线透射衰减后的强度，eV；I_0 为入射 X 射线强度，eV；μ 为物质的吸收系数，m^{-1}，与物质密度有关；d 为穿过物体的厚度，m。

当射线穿过一组衰减系数各不相同的待测目标时，可用以下公式描述：

$$I = I_0 e^{-\mu_1 d_1} \cdot I_0 e^{-\mu_2 d_2} \cdots I_0 e^{-\mu_n d_n} \tag{6-3-2}$$

等效于：

$$I = I_0 e^{-\sum_{i=1}^{n} \mu_i d_i} \tag{6-3-3}$$

即 μ 的总和相当于衰减系数在射线路径上的积分，而 μ 的数值与物体的密度、原子量和射线波长有直接关系。因此，CT 技术的基本原理是建立在被扫描目标具有不同密度之上的。运用 CT 技术测定岩石和流体特性时，它所测定的只有一种特性：线性衰减系数。

在进行 CT 时候，X 射线透照处于旋转台上的岩心，探测器将记录穿透过物体的 X 射线的数字信号。当岩心旋转一周之后，探测器就能获得射线从不同角度穿透某一横剖面的 μ，有了这些 X 射线的投射信息之后，利用计算机层析成像数据重建获得岩心的内部孔隙特征（图 6-3-1）。

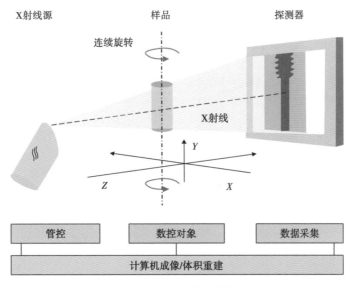

图 6-3-1　CT 基本原理

二、CT70 孔隙度及其理论内涵

CT 测量分辨率除了与仪器性能、扫描方式等有关外，还与被测岩样的直径密切相关；

岩样直径越小，测量结果的分辨率越高，但保留的非均质储层孔隙结构特征越少；反之，直径越大，测量结果的分辨率越低，但保留的非均质储层孔隙结构特征越多。综合考虑分辨率和保留尽量多的孔隙结构特征，对碳酸盐岩做 CT 测量时采用的是全直径岩心（直径7.5cm）。由于目前全直径岩心 CT 的分辨率约为 70μm，故本文定义 CT70 孔隙度 ϕ_{CT70} 为 70μm 以上的孔隙占整个岩样体积的百分比，用以客观描述非均质碳酸盐岩的孔隙特性（图6-3-2）。需要指出的是，CT70 孔隙度仅反映储层孔隙大小，并不反映孔隙的成因。换言之，就特定岩心而言，CT70 孔隙度表征的孔隙可能是次生的，也可能是原生的。

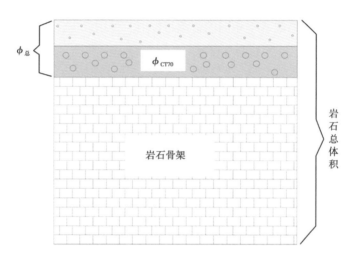

图 6-3-2　CT70 孔隙度示意图

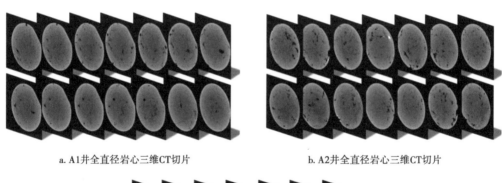

a. A1井全直径岩心三维CT切片　　　　　　b. A2井全直径岩心三维CT切片

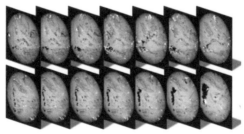

c. A3井全直径岩心三维CT切片

图 6-3-3　某层位 3 口井的典型 CT 切片

碳酸盐岩储层具有粒间和晶间、溶蚀孔洞和裂缝等不同类型的孔隙，结构十分复杂，并且尺寸相对较大的溶蚀孔洞和裂缝对储层孔渗特性影响显著。这就是为什么我们在研究中采用全直径岩心 CT 扫描分析孔隙结构的原因。

图 6-3-3 是四川盆地某区块 3 口井中 3 个不同气层段全直径岩心的 CT 扫描切片。对比分析可以看出：3 个层段的 CT70 孔隙主要反映的是溶蚀孔洞，其中 A3 井岩心的孔洞最发育，A2 井次之，A1 井较差。同时，A3 井岩心 CT70 孔隙的空间延展分布也明显优于 A2 井和 A1 井。进一步的定量计算表明，A1 井、A2 井和 A3 井的 CT70 孔隙度分别为 0.73%、2.66% 和 4.6%。这三个层段解释的有效厚度上的每米试气量分别为 0.12×10^4m^3/d、0.29×10^4m^3/d 和 1.25×10^4m^3/d。显然，有效厚度每米试气量与 CT70 孔隙度有很好的相关性，即随着 CT70 孔隙度的增大，有效厚度每米试气量显著增加。基于上述认识，提出了 CT70 孔隙度预测产气量的如下模型：

$$Q = a e^{b\phi_{CT70}} \tag{6-3-4}$$

式中，Q 为有效厚度每米试气量，$10^4\mathrm{m}^3/\mathrm{d}$；$\phi_{CT70}$ 为 CT70 孔隙度，%；a，b 为常数。

根据式（6-3-4），A1 井–A3 井 CT70 孔隙度与产气量关系如图 6-3-4 所示。图中的实心圆为实际资料点，黑色实线为建立的产气量定量预测模型。

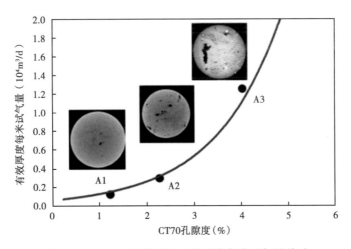

图 6-3-4　CT70 孔隙度与有效厚度每米试气量关系

下面通过理论分析及数值计算，进一步讨论上述关系式的准确性及参数意义。图 6-3-5 是四川盆地某区块碳酸盐岩岩心的铸体薄片。从薄片可以看出该层段发育溶蚀孔洞并具连通性，呈现出明显的双重孔隙介质特性，即上述储层的渗流特征可以用基质孔隙组成的低渗透率体系（渗透率为 K_1）和孔洞组成的高渗透率体系（渗透率为 K_2）两部分来等效描述（如图 6-3-6 所示）。双重介质有效特性计算的经典理论为有效介质近似（EMA）。

根据有效介质理论，结合 e^x 的多项式展开式，有效渗透率 K_{eff} 可用下式近似：

$$K_{eff} \approx p_1 e^{p_2 f_2} \tag{6-3-5}$$

式中，p_1，p_2 是用指数函数拟合有效渗透率 K_{eff} 产生的待定常数；f_2 为孔洞体系的体积百分含量，%。

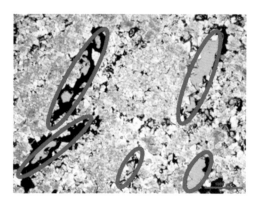

图 6-3-5　CT 岩心的铸体薄片

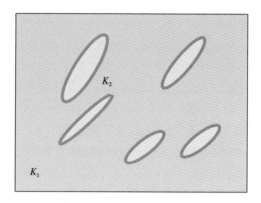

图 6-3-6　双重孔隙介质模型

为了考察式（6-3-5）描述 K_{eff} 的准确性，首先，利用有效介质理论计算不同孔洞孔隙度 f_2 下的有效渗透率（计算中 m 取 0.3，K_1 取 0.01mD，K_2 取 100mD），然后利用式 6-3-5 拟合，结果如图 6-3-7 所示。从图中可以看出式 6-3-5 能够很好地拟合 K_{eff} 与 f_2 之间的定量关系，相关系数为 0.988。

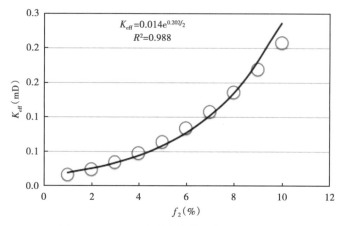

图 6-3-7　双重介质有效渗透率的理论近似

当地层压力、流体及井眼参数基本稳定时，利用式（6-3-5）及产能计算中的平面径向渗流公式可以推导出产气量为：

$$q_{\text{f}} = p_3 p_1 \text{e}^{p_2 f_2} \tag{6-3-6}$$

若令式（6-3-6）中 $p_3 p_1$ 为 a、p_2 为 b、f_2 为 ϕ_{CT70}，则式（6-3-6）与式（6-3-4）在形式上完全一致，这就证明了孔洞储层产气量与 CT70 孔隙度的确存在 e 指数关系。

通过进一步的数值分析表明，产气量预测模型式（6-3-4）中 a 主要反映均匀的基质特性，其数值大小主要受基质渗透率 K_1 的影响，b 主要反映高渗透孔洞体系对有效渗透率提高的幅度，其大小取决于孔洞渗透率 K_2 与基质渗透率 K_1 的比值。

三、CT70 孔隙度产气量预测方法及参数确定

利用 CT70 孔隙度预测储层产气量需对目的层的取心进行 CT 分析，然而实际生产中所有层段都进行全直径取心是不现实的。因此，如何利用测井资料计算 CT70 孔隙度是上述方法现场应用必须考虑的问题。

岩心 CT、T_2 谱均能反映储层的孔隙结构特征。由于测量原理及影响因素的不同，CT、T_2 谱对特定孔隙的表征结果可能会存在差异，但 CT、T_2 谱表征的孔隙分布总体规律应该一致，即 CT 测量的大孔隙对应 T_2 谱的右端（孔隙半径较大），CT 测量的小孔隙对应 T_2 谱的左端（孔隙半径较小）。由于这一现象总是客观存在的，所以以下转换关系成立：

$$\frac{CT70\ 孔隙度}{岩心总孔隙度} = \frac{与\ CT70\ 对应的核磁共振孔隙度}{核磁共振总孔隙度} \quad (6-3-7)$$

称式（6-3-7）为"CT—核磁共振同比例转换"关系式。根据该式，可以首先计算出与 CT70 孔隙度对应的核磁共振孔隙度，进而确定与 CT70 孔隙度对应的 T_2 特征值，原理如图 6-3-8 所示。表 6-3-1 给出了同时具有 CT、核磁共振资料的 4 块碳酸盐岩岩心 CT70 孔隙度及 T_2 特征值计算结果。

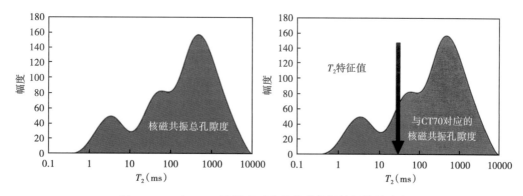

图 6-3-8　与 CT70 孔隙度对应的核磁共振特征值的确定

表 6-3-1　4 块岩心核磁共振 T_2 特征值计算结果

岩心编号	总孔隙度（%）	CT70 孔隙度（%）	T_2 特征值（ms）
5-14	5.48	4.56	20.02
5-29	7.55	5.66	30
5-36	5.35	4.41	25
6-10	9.66	8.06	18

表 6-3-1 表明，4 块岩心的 T_2 特征值在 18~30ms，变化范围很小。进一步考察了 T_2 特征值在 18~30ms 变化时，上述 4 块岩心 CT70 孔隙度的差异，结果表明：6-10 号岩心 CT70 孔隙度计算结果的差异最大（图 6-3-9 两条红色虚线之间的部分），相对变化幅度为 4.4%，其他岩心的变化幅度均比其小。因此可以认为，T_2 特征值在 18~30ms 变化时对岩心 CT70 孔隙度的计算结果影响很小，一般取 20ms 作为与 CT70 孔隙度对应的核磁共振特征值即可。

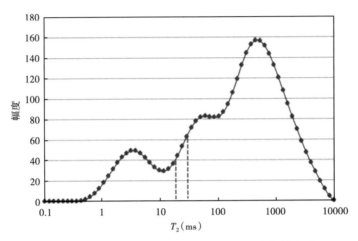

图 6-3-9　岩心不同 T_2 特征值下 CT70 孔隙度的差异

在岩心 T_2 特征值分析基础上，进一步考察了现场测井常用的 CMR 型、MRIL-P 型两种核磁共振测井仪器 T_2 特征值的取值规律。表 6-3-2 给出了 W1 和 W2 等 2 口井 5 个层段的分析结果。可以看出，CMR 型核磁共振测井仪器 CT70 孔隙度核磁共振特征值与岩心核磁共振分析结果一致，为 20ms；而 MRIL-P 型核磁共振测井仪器 CT70 孔隙度核磁共振特征值较大，为 54ms。分析两种核磁共振测井仪器的采集模式可以发现，MRIL-P 型核磁共振测井仪器的等待时间较 CMR 型核磁共振测井核磁共振测井仪器长，即在测量一个回波串序列后 MRIL-P 型核磁共振测井仪器比 CMR 型仪器有更多的时间完成极化。小孔隙极化时间很短，两种仪器测量结果的差异较小，而大孔隙极化所需时间较长，等待时间越长，大孔隙中有更多的氢核完成极化，信号幅度越大，因此 MRIL-P 型核磁共振测井仪器大孔隙段 T_2 谱幅度比 CMR 型核磁共振测井仪器大，从而使 MRIL-P 型核磁共振测井仪器 CT70 孔隙度对应的 T_2 特征值大于 CMR 型核磁共振测井仪器。

表 6-3-2　CMR 型与 T_2 特征值对比

井号	起始深度 （m）	终止深度 （m）	核磁共振 测井类型	CT70 孔隙度比例 （%）	核磁共振特征值 （ms）
W1	4610	4618	CMR	73	20.9
W1	4628	4645	CMR	78	20.8
W1	4651	4672	CMR	84	21.7
W2	4602	4610	MRIL-P	68	53.7
W2	4641	4655	MRIL-P	62	54.0

利用核磁测井资料进行产气量预测的步骤为：（1）根据核磁共振测井仪器的类型确定与 CT70 对应的 T_2 特征值；（2）利用核磁共振测井资料计算各试油层段的 CT70 孔隙度；（3）利用预测模型［式（6-3-4）］进行产气量预测。

四、现场应用及效果分析

对四川盆地某区块 4 口井 7 个层段的 40 块岩心进行了 CT 分析，计算了各层段的 CT70 孔隙度，并利用式（6-3-4）进行产气量预测，结果见表6-3-3。该表同时给出了上述4口井的测试产量，可以看到预测结果与实际试气结果非常接近，预测精度满足测井评价要求。

表 6-3-3　4 口井岩心 CT70 产气量预测及试气资料

井号	深度范围 （m）	CT70 孔隙度 （%）	预测产量 （$10^4 \mathrm{m}^3/\mathrm{d}$）	测试产量 （$10^4 \mathrm{m}^3/\mathrm{d}$）
C1	4603~4637	5.37	100	116
	4639~4660	5.42	70	
C2	4569~4664	4.6	120	128
C3	4601~4620	5.12	40	53
	4628~4677	3.8	55	
C4	4601~4611	2.63	5.5	7.27
	4641~4655	2.29	小于3	

另外，选择没有岩心 CT 资料，但有核磁共振测井的 D1、D2、D3、D4、D5 和 D6 等 6口井进行产气量预测，结果如表6-3-4所示。通过对比、分析可以看出：CMR 型和 MRIL-P型两种核磁共振测井产气量预测结果均与试气结果吻合，预测精度均能满足勘探阶段测井评价的要求；相对而言，MRIL-P 型核磁共振测井仪器的预测结果与试气结果更接近，预测精度更高。

表 6-3-4　核磁共振测井资料 CT70 孔隙度计算及产气量预测结果

井号	仪器类型	深度范围 （m）	CT70 孔隙度 （%）	预测产量 （$10^4 \mathrm{m}^3/\mathrm{d}$）		测试产量 （$10^4 \mathrm{m}^3/\mathrm{d}$）
D1	MRIL-P	4634~4685	3.12	29.4	31.5	30.3
		4688~4692	2.16	1.1		
		4700~4711	0.96	1.0		
D1	CMR	4634~4685	3.79	49	52.9	30.3
		4688~4692	3.05	2.2		
		4700~4711	1.16	1.2		
D2	CMR	4597~4615	3.51	13.4	74.4	116.87
		4617~4632	5.55	57		
		4636~4654	2.09	4		
D3	MRIL-P	4660~4685	5.29	121		115
D4	MRIL-P	4705~4720	1.72	2.89		1.53
D5	MRIL-P	4761~4786	1.84	5.23	9.87	10.45
		4786~4903	2.23	4.64		
D6	MRIL-P	4680~4694	4.0	16.29	23.37	38.00
		4696~4701	4.4	7.08		

图 6-3-10 总结了现有 16 个层段的产气量预测情况，其中，实线是产气量预测曲线，实心圆圈是实际资料点：CT70 孔隙度根据岩心 CT 或核磁共振资料确定，有效厚度每米产气量根据现场试气结果确定。A1、A2 和 A3 为最初发现规律的三个层段；B1、B2 和 B3 为用已有试气结果验证规律的三个层段；C1、C2、C3 和 C4 为根据岩心 CT 资料进行产气量预测的四个层段（图中紫色实心圆）；D1、D2、D3、D4、D5 和 D6 则为利用核磁共振测井资料进行产气量预测的 6 个层段（图中红色实心圆）。从图 6-3-10 可以看出，现有 16 个层段的实际资料点均分布在理论预测曲线的两侧，预测结果与试气结果的一致性非常好，证实了该方法的可靠性。

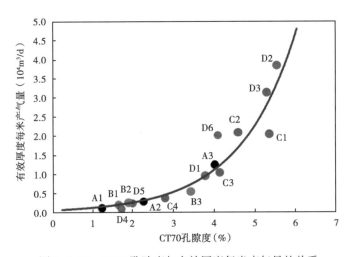

图 6-3-10　CT70 孔隙度与有效厚度每米产气量的关系

进一步对图 6-3-10 做详细分析，16 个资料点均分布在理论预测曲线两侧，但仍有个别井的数据点偏离预测曲线，这主要是大孔隙和溶蚀孔洞渗透率的影响。这部分渗透率变大，将使预测曲线向左上角偏移，否则向右下角偏移。当孔洞渗透率较高时，若采用图 6-3-11 左上角的预测曲线（b 为 0.85），当存在孤立孔洞，渗透率较低时，若采用图6-3-11 右下

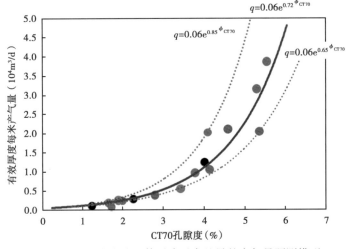

图 6-3-11　考虑孔洞体系渗透率差异的产气量预测模型

角的预测曲线（b 为 0.65），可使产能级别大于 $10×10^4 m^3$ 预测结果的平均相对误差由原来的 29% 降为 8%，从而获得更高的预测精度。

实际上，在产气量预测时还需考虑储层的含气饱和度，因为即使储层孔洞发育程度、渗透率相近，含气饱和度不同，产气量也将存在显著差异。研究提出的产气量预测方法应用的前提条件是目的层段含气饱和度高且相对稳定，如果含气饱和度变化很大，单纯利用 CT70 孔隙度难以对产气量进行准确预测。图 6-3-12 是研究层段 16 口井的产气量预测结果及对应的含气饱和度，可以看出，研究层段含气饱和度主要分布在 75%~85%，含气饱和度高且相对稳定。

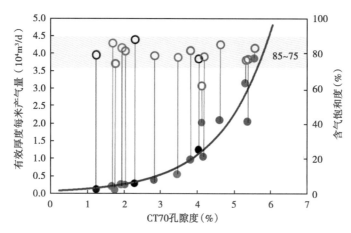

图 6-3-12 研究层段的含气饱和度及分布

第七章 碳酸盐岩井震结合储层评价与预测

碳酸盐岩储集空间以溶蚀洞穴、孔、缝为主，整体上储层纵向、横向非均质性极强，在地震剖面上呈现出"串珠"和"杂乱"等反射特征，这些特征可以作为识别缝洞型储层的标志。但受限于地震资料的分辨率，利用该资料对缝洞体、真实空间位置及流体性质还无法精确刻画和识别，因此直接应用于储层评价存在局限性。测井资料的高分辨率优点在一定程度上弥补了地震资料的局限性，井震结合进行储层评价与预测已经成为一种有效的技术手段。本章从井震结合精细标定出发，研究地震剖面上的串珠杂乱反射等与井中储层段的关系；进而从缝洞体的空间位置、形态、储集性大小、储量估计等方面实现储层的定量刻画；并在此基础上应用各向异性介质的理论预测裂缝的平面分布。

第一节 缝洞型储层井震结合评价思路与方法

测井曲线和地震资料都能反映岩石弹性属性，通过岩石物理建模、地震反演及正演解释，并对井筒数据进行标定，实现多方法储层预测及含油性分布预测，进而实现由点到面再到整个储集体，由地震到油藏的宏观认识。

一、基本思路

测井的优点就是纵向分辨率高，纵向上分辨率可以达到 0.1m 以上，可以准确评价井点处的储层特征、含油气特征，但其缺点就是横向探测距离浅，横向探测距离仅有 0.1~10m。地震的优点就是纵向、横向探测范围大，可以从空间上全方位了解储层、油气分布特征；缺点就是纵向分辨率、横向分辨率低，常规 30Hz 地震资料也只能分辨 20 多米高、100m 宽的缝洞体，无法识别小尺度的目标。基于地震、测井的这些优缺点，提出井震结合缝洞型储层精细刻画的研究思路，结合地质目标，建立二者紧密结合的桥梁，以缝洞精细识别和流体预测为核心，突出井震结合下的缝洞系统的精细刻画，在三维空间中对碳酸盐岩缝洞型储层发育特征和流体分布特征进行定量描述，最终实现缝洞型储层的精细评价与预测，优选勘探开发井位。

井震结合储层评价主要是建立测井与地震资料之间的联系，并将它们之间的关系，一起反映到储层上来，其技术研究流程如图 7-1-1 所示。

二、基本方法

井筒资料主要有 4 个方面数据：测井曲线、测井解释成果、测试资料、生产动态资料。这 4 个方面的井筒资料都可以与地震相结合，进行井震结合的储层研究与分析（图 7-1-2）。测井曲线包括了体现岩石物理特征以及井筒特征的多种类型曲线，其中声波曲线（包括纵

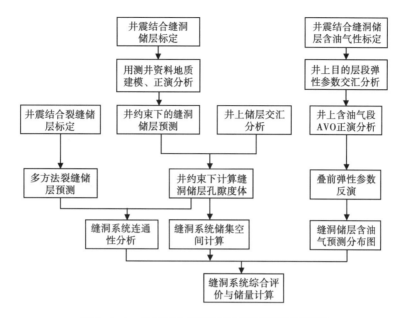

图 7-1-1 井震结合缝洞型储层精细刻画流程图

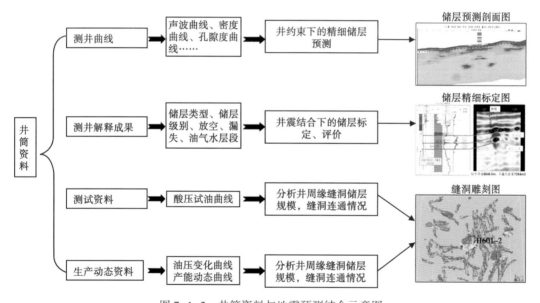

图 7-1-2 井筒资料与地震预测结合示意图

波曲线、横波曲线)、密度曲线以及孔隙度曲线是与地震相结合进行井约束下储层精细预测的主要测井曲线,通过井筒处测井曲线的约束,结合地震资料,由点到面再到整个储层体,就可以精细预测储层的空间展布特征。测井解释成果主要有测井解释的储层级别、储层类型、含油气层段、含水段、放空层段、漏失层段等,在井震结合中主要是将测井解释成果精细的标定在地震剖面上,得到不同类型、不同级别的储层所对应的地震响应特征,通过大量井的标定,就可以统计分析漏失段、放空段的地震响应特征是什么,一般处在目的层什么位置，含油气段一般在什么位置，洞穴型储层在地震上是什么样的反射特征、孔洞型储层是什么样反射特征、裂缝型储层是什么样的反射特征等。通过这样的井震结合的精细标定，就可以由已知井点处的储层特点推测未知区域相同反射特征的储层特点，有利于由点到面的储层评价和新井点的优选。测试资料主要有酸化压裂曲线、测试产油产水情况等资料，通过对酸化压裂曲线的变化的研究，分析酸液是否沟通了井周围的大的缝洞体，结合地震储层预测结果，就可以进一步分析酸液沟通了井筒周缘那一个缝洞体。投产井井上生产动态资料主要包括油压变化曲线、产能动态曲线等，通过对井上生产动态资料的分析，结合地震预测结果，也可以明确井周缘缝洞型储层的规模及连通情况。

针对缝洞型储层的标定、精细预测与定量刻画以及储层裂缝、油气的预测，在研究过程中有针对性的采用了几项技术措施：井震结合储层标定技术，缝洞型储层正演分析技术，基于地质统计理论的缝洞型储层波阻抗反演技术，井震结合多方法裂缝预测技术，井震结合缝洞型储层定量刻画技术，基于叠后、叠前资料的碳酸盐岩多方法油气检测技术。下面对这几项技术措施做简要的介绍。

1. 井震结合储层标定技术

以合成地震记录为纽带，将根据钻井、地质、测井资料解释出的碳酸盐岩缝洞型储层发育段、试油层段等沿井轨迹标定到地震剖面上，分析储层发育段的地震响应特征、波阻抗特征，用于进一步分析平面储层分布规律。因此碳酸盐岩缝洞型储层的地震响应标定（储层标定）是认识缝洞型储层特征、开展缝洞型储层解释及储层预测的基础。

2. 缝洞型储层三维正演分析技术

模型正演技术是地震解释过程中识别特殊地震异常现象的一种手段，通过设计理想的地质模型，在地震理论指导下进行模拟地震，实现正演地质体地震响应。通过模型正演技术可以间接厘定特殊地震反射的地质属性以及造成地震异常反射的原因。碳酸盐岩缝洞型储层有裂缝型、裂缝孔洞型、洞穴型，缝洞型储层发育特征不一样所对应的地震相应特征是不一样的，为了搞清什么样的缝洞型储层对应什么样的地震响应特征，首先进行了正演研究。为了提高研究的精确性，本次正演完全模拟野外地震数据的激发和采集条件进行三维模型正演。在建模过程中与测井相结合，建立较为真实三维地质模型，以达到正演结果的可靠性。

3. 基于地质统计理论的缝洞型储层波阻抗反演技术

波阻抗反演是地震解释中预测储层的最有效手段。通常做的波阻抗反演主要为基于地震的常规的稀疏脉冲反演，该方法预测的储层分辨率较低，较小目标无法有效识别。基于地质统计理论的缝洞型储层波阻抗反演技术是目前波阻抗反演中对储层分辨最高的反演手段，该方法以约束稀疏脉冲反演结果作为输入数据，以测井数据为主，井间变化用地质统计规律和地震数据约束，生成多个等概率时间域或深度域的属性模拟结果，优选与测井、地质分析最吻合的结果作为研究对象，预测的分辨率可以达到 2~6m。利用此方法，可以很好地解决目前对小尺度的缝洞型储层无法识别的难题。

4. 井震结合多方法裂缝预测技术

目前利用地震剖面进行裂缝预测的手段主要有基于叠后资料的地震相干、地震相干加强、地震曲率以及基于叠前道集资料的叠前分方位角裂缝预测等手段。裂缝的发育总是存在方向性，裂缝在地层中主要表现为各向异性。不同方位采集地震资料对裂缝的响应是存在差异的，在平行于裂缝的方向，在裂缝中地震波速度传播最快，而垂直于裂缝走向的地震波传播速度最慢。根据这一特点，利用分方位角的地震资料进行裂缝预测，可以较为准确的预测裂缝的发育密度、裂缝发育方向。研究过程中，在哈 6 区块、新垦区块先利用叠后裂缝预测方法进行裂缝预测，在哈 7 高密度宽方位采集区块进行分方位角叠前裂缝预测研究。根据井上测的裂缝的密度、发育方向，与实际预测结果对比，综合分析叠前、叠后裂缝预测效果，优选吻合度最高的方法进行最终的裂缝预测手段。

5. 井震结合缝洞型储层定量刻画技术

首先利用波阻抗反演得到较为准确的缝洞型储层的反演体，根据测井研究人员对工区内所有井测得密度、孔隙度分析后建立不同类型缝洞型储层的交汇模型，有裂缝型储层的孔隙度模型、孔洞型储层的孔隙度模型、裂缝—孔洞型储层的孔隙度模型、洞穴型储层的孔隙度模型，根据不同类型储层建立的孔隙度模型得到的孔隙度与密度、波阻抗与密度的关系，先由波阻抗体计算出密度属性体，然后再根据密度与孔隙度的关系求出不同类型缝洞型储层的孔隙度属性体。最后利用计算出的孔隙度体进行缝洞体的空间雕刻，对不同类型缝洞型储层进行雕刻，根据雕刻出体元的个数，分类计算出缝洞型储层的有效储集空间。

6. 基于叠后、叠前资料的碳酸盐岩多方法油气检测技术

在叠加偏移后的地震资料上进行油气检测研究，主要的技术思路就是根据地震波经过含有不同流体的储集体时，地震波的频率会有不同程度的衰减，通过分析地震波的频谱变化特征来分析储集体中是否还有油气。目前进行叠后资料油气检测的软件主要有 VisualVoxAt，Geocyber 和 KLInversion3。在叠前资料上进行油气检测研究，主要是利用叠前道集资料进行 AVO 分析、弹性波反演。根据储层的泊松比特征、截距和梯度变化特征分析储层的含油气性。

第二节　缝洞型储层井震标定与刻画

储层精细标定是将地震与井建立桥梁最为重要的一个环节。在标定过程中，以声波合成地震记录为纽带，将根据钻井、地质、测井资料解释出的碳酸盐岩缝洞型储层发育段、试油层段等沿井轨迹标定到地震剖面上，确保时间域地震信息反映缝洞型储层位置与井筒深度域的储层位置一致，进而分析储层发育段的地震响应特征、波阻抗特征，用于进一步分析平面储层分布规律。因此，碳酸盐岩缝洞型储层的地震响应标定（储层标定）是认识缝洞型储层特征、开展缝洞型储层解释及储层预测的基础。

一、缝洞型储层井震响应特征与标定

为了使标定更准确，首先选好标志层，在哈拉哈塘地区，选择在全区均有分布的志留系塔塔埃尔塔格组底面以及泥志留系底做标志层，这两个层在地震上表现为一个振幅较强连续的波谷和波峰（图 7-2-1），并且这两个标志层距离奥陶系目的层也较近。在塔中地区中古 8 地区、中古 43 地区标志层主要选择奥陶系桑塔木组底，桑塔木组底为石灰岩与碎屑岩分界面，地震上为一连续强振幅界面。卡标志层可以较为准确的标定出目的层段井震对应关系。卡准标志层之后，投上测井解释成果曲线，就可以将井上的储层信息与相应的地震反射特征一一对应。

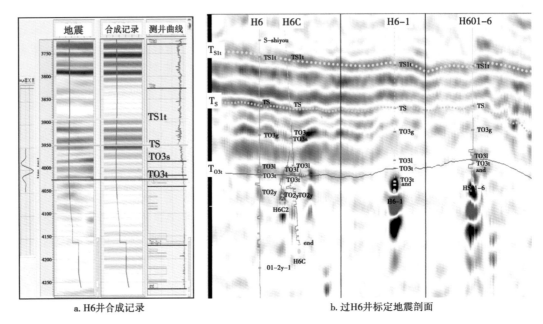

a. H6井合成记录　　　　　　b. 过H6井标定地震剖面

图 7-2-1　H6 井井震特征标定图

1. 串珠状储层井震响应特征及标定

HA 井钻遇奥陶系一间房组共 5.5m，井底 6748.0～6751.5m 发育 3.5m 的 Ⅱ 类储层，主要为裂缝—孔洞型储层，一间房组顶部为一套干层。吐木休克组底部发育 11m 厚的孔洞型、裂缝—孔洞型储层，储层由上至下变好。在地震上 HA 井正钻在一个强振幅串珠的中心，图中奥陶系一间房组顶标定在强串珠的波谷中心，井上吐木休克组和一间房组钻遇的储层均标定在串珠的波谷中（图 7-2-2）。该井在井底 6730～6748m 处开始井漏，累计漏失钻井液 225m³，漏失段地震上刚好位于串珠强波谷（红色）内，可见储层主要发育在强串珠波谷内，并且串珠波谷内越靠下，储层越发育。该井在 6658～6748m 段试油，4mm 油嘴求产，日产油 120m³；该井至关井，累计产油 2.0384×10⁴t，累计产水 1.5089×10⁴t。

HB 井钻遇奥陶系一间房组、鹰山组目的层共 55.2m，井筒周缘奥陶系一间房组顶部储层欠发育，一间房组底部发育 18m 的裂缝孔洞型储层，鹰山组顶部发育 19m 的洞穴型储层，其中洞穴累计放空 11.34m，并且该井在井底还有漏失，共漏失钻井液 1129m³，说明该井目前钻遇的 19m 的洞穴还只是整个洞穴的一部分，该井还没有钻到洞穴底部。井上一间房组、鹰山组 Ⅰ 类、Ⅱ 类储层共 37m，储地比 65.2%。在地震上 HB 井也是钻在一个强振幅串珠上，井底位于串珠强波谷的底部，奥陶系一间房组顶标定在强串珠第一个波峰与波谷之间的零相位附近（图 7-2-3）。井上 19m 的洞穴储层标定在强波谷的下半部分，而洞顶 18m 的裂缝孔洞型储层标定在强串珠波谷的上半部分，可见 HB 井一间房组、鹰山组所钻遇的储层均位于强串珠的波谷上，并且越向下，储层越发育。根据井上钻遇的储层特征和串珠特点，HB 井所钻遇的串珠就是一个大的洞穴的响应，其洞穴岩溶模式如图 7-2-3 中的岩溶剖面所示。该井在 6555～6666m 段试油，初期 6mm 油嘴，折日产油 114.9m³，截至 2018 年 5 月，累计产油 9198t，累计产水 1.18×10⁴t。

154

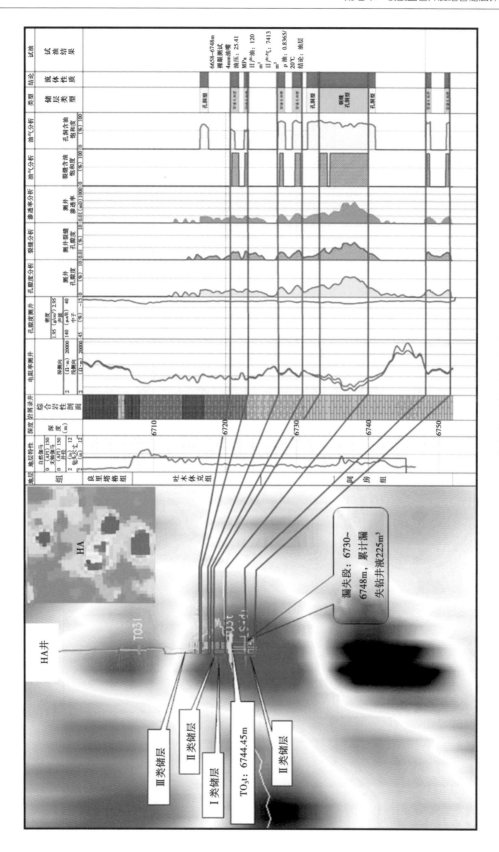

图 7-2-2 HA 井奥陶系储层精细标定图

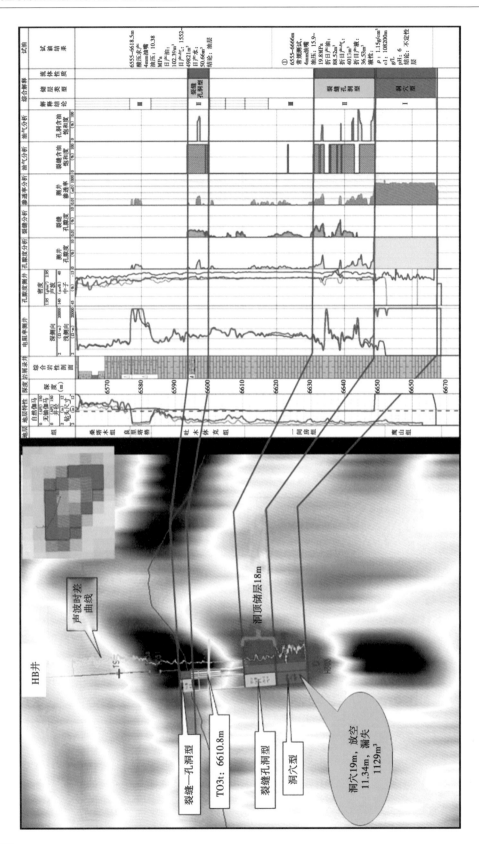

图 7-2-3 HB 井奥陶系储层精细标定图

156

XKC 井钻遇奥陶系一间房组、鹰山组共 52.4m，共钻遇 II 类储层 29m/6 层，储层发育段 6846~6880m，顶部为裂缝型储层（图 7-2-4）；从孔隙度曲线可以看出，越往下储层越发育，由裂缝型变为裂缝孔洞型储层，在井底 6874.14~6880m 处发生了井漏，累计漏失钻井液 328.1m³。该井裂缝较为发育，从成像测井上看，在顶部一间房组内主要为高角度的裂缝，而到了底部鹰山组内侧表现为低角度张开缝，是典型的地质上垮塌洞顶缝的特征。在地震上该井一间房组顶面标定在一个强串珠第一波峰的下部，井底位置位于强串珠波谷中央（图 7-2-4）。综合分析认为 XKC 井一间房组、鹰山组钻遇的储层主要为洞顶储层发育带，整个储层发育带均位于地震串珠的强波谷内，而在串珠半部分没有钻到地方有可能为一个大的洞穴。XKC 井在 6838.89~6880.00m 井段试油，用 5mm 油嘴，折日产水 57.18m³，结论为水层。在 6838.89~6850m 井段试油，用 4mm 油嘴，日产油 101.35m³、气 7200~3841m³，可见 XKC 下部洞穴主要为一个水洞，而油气主要富集在洞顶储层中。

HD 井钻遇一间房组、鹰山组共 74m，目的层顶底储层好，中间储层差，以孔洞型、裂缝—孔洞型储层为主，其中 I 类储层 7.5m，II 类储层 15m，储地比为 30%（图 7-2-5）。在地震上奥陶系一间房组标定在强串珠第一波峰的顶部，井底标定在强串珠波谷的上部。在波峰里发育 15m 的裂缝孔洞型、孔洞型储层，主要为 II 类储层，波峰与波谷之间为非储层，一进入串珠波谷，储层又开始发育，由 III 类储层到井底的 I 类储层，越向串珠中心储层越发育（图 7-2-5），与前面标定的几口钻遇串珠的井类似。HD 井在 6512.61~6668m 井段试油，裸眼掺稀求产，用 5mm 油嘴，油压 10.63MPa，日产油 52.5m³，至 2017 年 7 月关井恢复压力，该井累计产油 9.88×10⁴t，累计产水 0.56×10⁴t。

HE 井井上钻遇目的层 153m，测井解释 II 类储层 22m/层，主要为裂缝孔洞型储层，储地比为 14.3%，整个目的层段储层欠发育（图 7-2-6）。标定在地震剖面上，该井井轨迹标在两个强串珠的中间，可见 HE 整个井段没有钻到串珠的强振幅内，仅钻遇串珠边上的弱振幅上（图 7-2-6）。尽管井筒处储层不发育，但该井裸眼射孔大型酸低压裂 6668.58~6800m 井段，用 4mm 油嘴，求产折日产油 89.87m³（相对密度：0.8311/20℃），日产水 32.78m³，日产气 6049m³。截至 2017 年 10 月，该井累计产油 1.67×10⁴t，累计产水 2.8×10⁴t。可见钻遇"串珠"边上尽管储层欠发育，但通过大型酸化压裂，也可以沟通"串珠"中心大的缝洞体而获得油气。

位于串珠边上的 HF 井和 XKG 井，HF 井井轨迹是刚好钻遇强振幅串珠边上，该井井筒处储层差，但通过酸化压裂沟通了串珠所在的缝洞体，而 XKG 井井轨迹位于强振幅串珠 180m 处，该井井筒处储层也很差，通过大型酸化压裂，也没有沟通好的缝洞体（图 7-2-7）。可见井钻遇串珠边上酸化压裂可以沟通串珠所在的缝洞体，而井钻遇的地方距离串珠超过一定距离后，就是大型酸化压裂，也很难沟通串珠所在的缝洞体。

通过对哈拉哈塘地区针对串珠状反射钻探的井的精细储层标定，得到这样的认识：如图 7-2-8 所示，大的洞穴在地震上主要表现为强振幅串珠。洞穴主体地震上位于强串珠的第二个强波峰上，地震上强串珠的第一个强波谷主要为洞顶缝发育区。大部分井钻探在强振幅串珠第一个强波谷上方开始漏失和放空，也就是大部分井钻探在洞顶缝时已开始漏失和放空，同时也表明了缝洞型储层在地震上强串珠第一个强波谷的上部零相位处已开始发育。串珠横向范围就是缝洞型储层的发育范围，井钻遇串珠边上井筒储层差，但通过大型酸化压裂可以沟通串珠所在的缝洞体，如果钻遇的位置距离串珠较远，就是大型酸化压裂也难以沟通串珠所在的缝洞体。

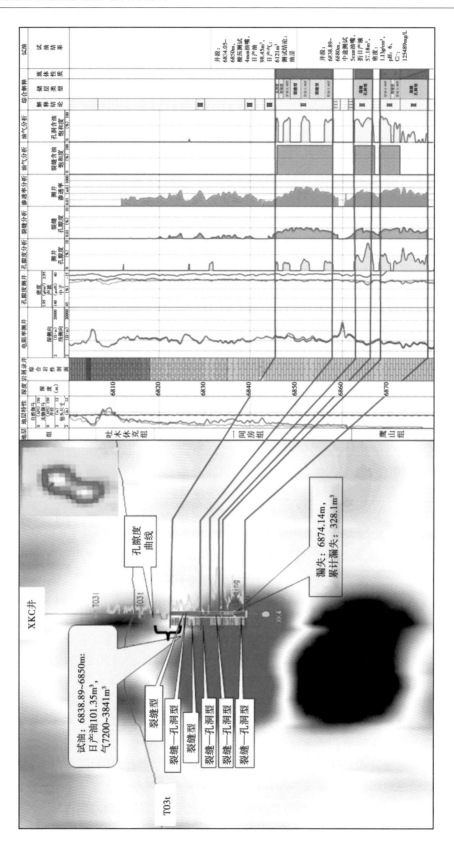

图 7-2-4　XKC 井奥陶系陶系储层精细标定图

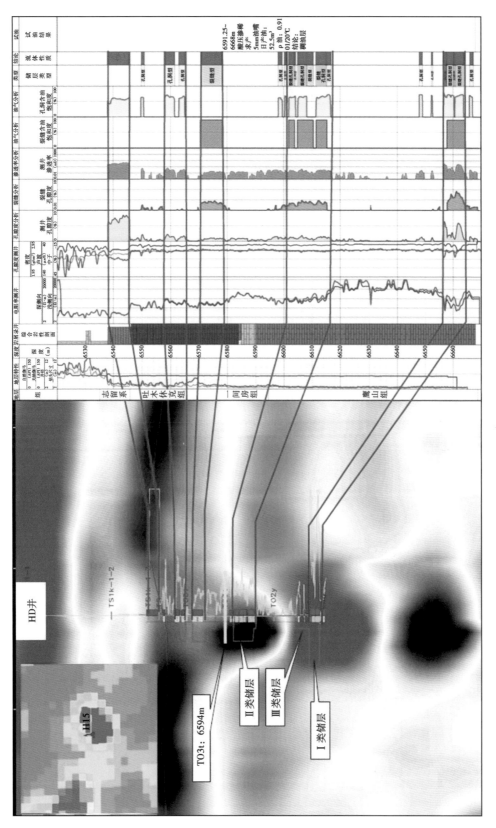

图 7-2-5 HD井奥陶系储层精细标定图

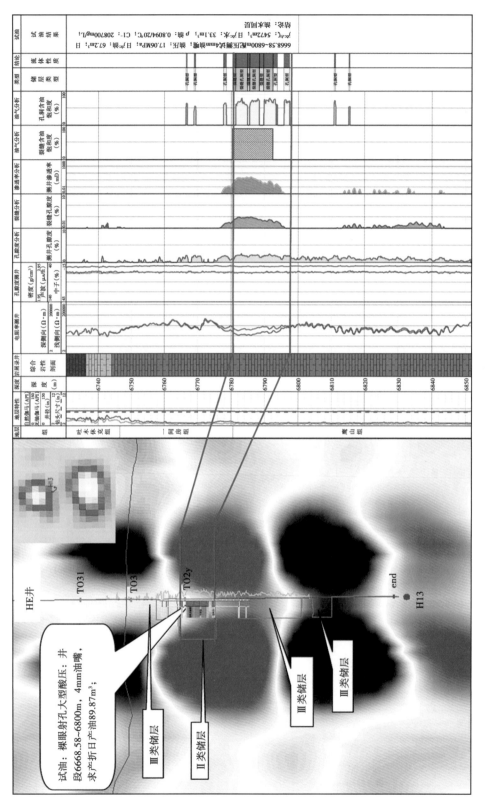

图 7-2-6 HE 井奥陶系储层精细标定图

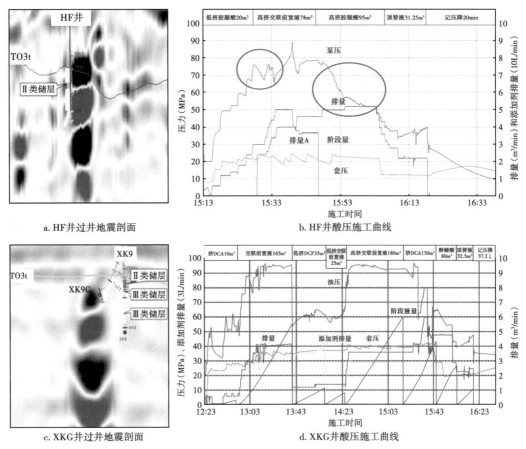

a. HF井过井地震剖面

b. HF井酸压施工曲线

c. XKG井过井地震剖面

d. XKG井酸压施工曲线

图 7-2-7 HF 井、XKG 井过井地震剖面与酸化压裂施工曲线图

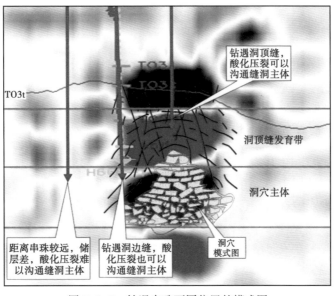

图 7-2-8 钻遇串珠不同位置的模式图

2. 非串珠状储层井震响应特征及标定

如图 7-2-9 所示，HH 井为一水平井，水平段共钻遇一间房组 63m，储层主要发育在井筒底部，在井筒 6723~6735m 井段发育 II 类储层，6735~6750m 井段发育 I 类储层，其中在 6737~6750m 井段放空 13m，在 6736.19m 处就开始井漏，累计漏失钻井液 304.39m³。将 HH 井储层信息标定在地震剖面上，奥陶系一间房组顶标定在一个地震强波谷顶部的零相位处，进入一间房组后井轨迹主要在地震上强波谷内，越向井底，储层越发育强波谷振幅越强。对 I 类、II 类储层所标定位置的地震振幅进行取值，发现 II 类储层振幅值范围在 3180~6060，I 类储层振幅值一般都大于 6060，依据这一振幅值，在平面上刻画出 HH 井一间房组顶以下 0~120m 范围内 I 类、II 类储层的分布特征（图 7-2-9 右上），HH 井 I 类、II 类储层分布面积为 0.115km²，有效储集空间 62.7×10⁴m³，从生产曲线上看（图 7-2-9 左下），HH 井的产油能力在缓慢下降，目前该井日产油 80t，油压 10MPa，截至 2011 年 12 月 11 日已累计产油 3553.67t，从有效储集空间来看，该井还有很大的产油潜力。

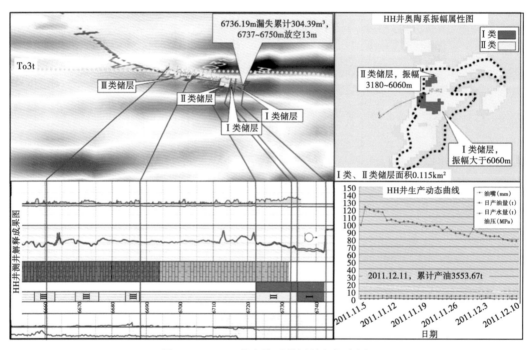

图 7-2-9　HH 井奥陶系储层精细标定图

如图 7-2-10 所示，HI 井为一水平井，水平段共钻 354m，储层厚度 229m，主要以裂缝型以及裂缝—孔洞型储层为主。在地震上奥陶系一间房组顶标定在一个波谷顶部的零相位处，水平段轨迹在地震波谷内穿行，从储层标定来看，井上储层发育段，所对应的地震振幅也越强，井筒底主要为裂缝型储层，该处的地震波谷振幅也最弱。根据储层级别对应振幅取值，该井 II 类储层振幅值在 3184~5070，I 类储层仅 3.5m，在地震上识别不出来。因此根据该井所标定的振幅值刻画出了 I 类、II 类储层平面分布面积为 0.12km²，有效储集空间为 32×10⁴m³，该井于 2014 年 12 月停泵关井，累计产油 9413.25t，水 3.18×10⁴t。可见 HI 井储集空间有限，为一定容的缝洞体。

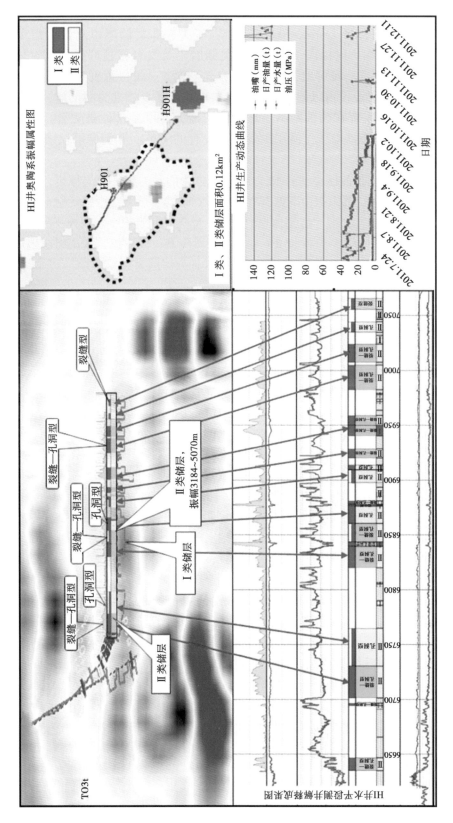

图 7-2-10　HI 井奥陶系储层精细标定图

如图 7-2-11 所示，HJ 井共钻遇奥陶系一间房组、鹰山组 766.95m，Ⅰ类储层 15m/1 层，Ⅱ类储层 120.5m/10 层，Ⅲ类储层 90.5m/9 层，Ⅰ类、Ⅱ类储层占总目的层 17.66%，地震上表现为层状弱振幅反射特征，Ⅰ类、Ⅱ类储层主要发育在顶部振幅相对较强的位置。HJC 井共钻遇奥陶系一间房组、鹰山组 207m，仅在一间房组发育Ⅰ类、Ⅱ类储层 21.5m，Ⅰ类、Ⅱ类储层段仅占目的层段 10.4%，地震上主要表现为弱反射、空白反射特征，Ⅰ类、Ⅱ类储层仅发育在顶部距离串珠较近的地方。可见这种弱反射、空白反射如果周围 50m 左右没有强振幅串珠，储层欠发育，发育的Ⅰ类、Ⅱ类储层仅占总目的层的 15% 左右。

通过对哈拉哈塘地区目前已完钻的 12 口钻遇非串珠的井的精细储层标定，得到这样的认识：在奥陶系一间房组、鹰山组中下部有串珠反射背景的表层杂乱中强反射，为非串珠有利储层，这类反射储层物性一般，缝洞体规模较小，储集空间有限，以规模小的孔洞型、裂缝—孔洞型、裂缝型储层为主，孔隙度 2%~3%。在奥陶系一间房组、鹰山组中地震上弱反射、层状弱反射储层物性较差，储层不发育，主要以Ⅲ类储层为主。

二、缝洞型储层刻画

哈拉哈塘地区碳酸盐岩独立的岩性圈闭多，储层非均质性强，致使储量难于精确计算。通过开展测井与地震的联合攻关与应用，形成了一套以"定位置、定形态、算孔隙度、算体积、算储量"为基本流程的缝洞型储层刻画方法，并针对叠前和叠后地震处理技术，发展了多种裂缝预测方法，为三级储量计算和油气勘探开发提供依据。

哈拉哈塘地区碳酸盐岩储层主要以裂缝型、裂缝—孔洞型、洞穴型储层为主，储层纵横向非均质性很强，并且很多裂缝和孔洞都是被充填的，不能形成有效的储集空间，致使储量难于精确的计算。此外，受制于地震成像及分辨率的限制，很难准确确定溶洞的空间位置，更加难于精细刻画出溶洞的真实形态。因此如何定量描述储层的有效储集空间成了研究中急需解决的问题。要刻画缝洞型储层有效储集空间，首先要解决的就是如何准确计算缝洞型储层的孔隙度，有了一个准确的储层孔隙度体，计算储层有效储集空间就容易多了。经过近几年碳酸盐岩储层定量研究的技术积累，在测井与地震的充分结合下，初步实现在已钻井测井曲线的控制下对碳酸盐岩缝洞型储层的孔隙度计算，进而也解决了缝洞型储层有效储集空间的定量刻画。

进行碳酸盐岩缝洞型储层定量刻画的总体思路就是"定位置、定形态、算孔隙度、算体积、算储量"。首先，要定位置，就是要明确缝洞型储层在地下真实的空间位置，要知道缝洞型储层在哪里；其次，要定形态，就是要优选有效属性以准确的刻画缝洞型储层的空间形态，并利用三维可视化技术，通过"缝洞体"和"裂缝带"的识别和雕刻，以"有机分子结构的形式"，来表现缝洞单元中各缝洞体的空间形态及相互连通关系；第三，就是算孔隙度，碳酸盐岩储层非均质性强，不同缝洞体其孔隙度不同，应用测井孔隙度资料约束下准确计算不同级别储层的孔隙度，这一步是储层定量刻画的关键；最后，就是根据计算出的储层孔隙度体进行积分求和计算缝洞体的有效储集空间，进而确定研究区块的储量大小。

1. 缝洞型储层位置的确定

叠前深度偏移资料更准确地描述了串珠空间位置和构造形态；哈拉哈塘地区一些钻井也

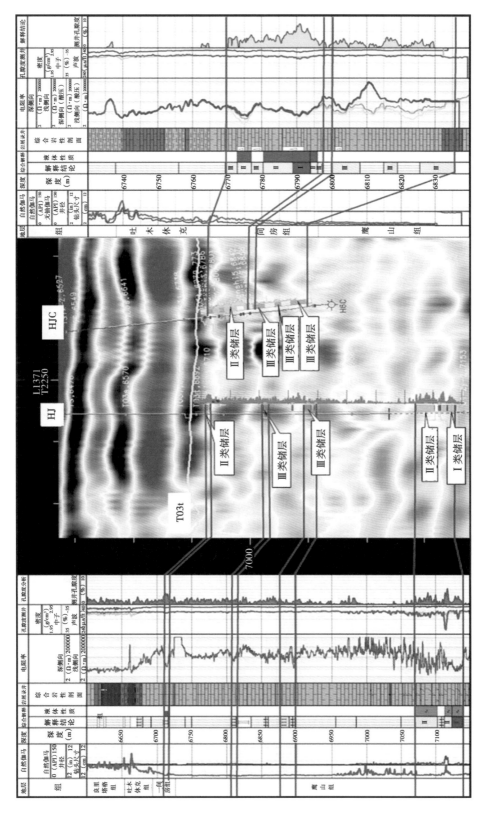

图 7-2-11 HJ 井、HJC 井奥陶系储层精细标定图

证实了这点。如 XKK 井（图 7-2-12），根据叠前时间偏移确定的 XKK 井在实钻中并没有钻遇溶洞，储层不发育，未获工业油气。而在叠前深度偏移资料上，强振幅串珠向南偏移了 193m，根据叠前深度偏移资料对向南偏移的串珠进行侧钻，侧钻点漏失 632m³，获高产工业油气，证实叠前深度偏移刻画的缝洞型储层位置是正确的。

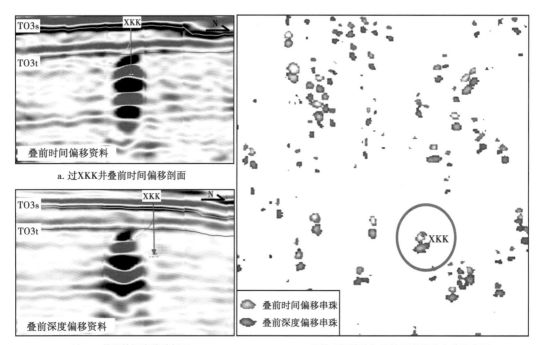

a. 过 XKK 井叠前时间偏移剖面

b. 过 XKK 井叠前深度偏移剖面

c. 叠前时间偏移与叠前深度偏移串珠叠合图

图 7-2-12　XKK 井叠前时间偏移与叠前深度偏移资料地震串珠对比图

2. 洞体形态的刻画

确定了缝洞体的空间位置，接下来还要确定缝洞体的空间形态。大的溶洞对应的地震响应为串珠状反射，但串珠状反射并不代表溶洞体的真实形态，如何将串珠状反射还原为溶洞真实的空间形态是碳酸盐岩缝洞型储层定量雕刻的关键。目前有多种方法可以对溶洞进行刻画，包括反射强度、分频及地震反演等。通过分析认为，分频往往只能选取单一的频率成分，只能反映特定大小的溶洞，对其他溶洞的刻画失真较为严重。反射强度也因为无法消除子波旁瓣的影响，对实际缝洞纵向明显放大，失真也很严重。而地震反演既能很好的消除子波的影响，又能引入测井资料进行约束，因此地震反演刻画的溶洞形态较为真实可靠。

在反演方法的选择上，选用反演效果好、精度高的地质统计学反演。如图 7-2-13 所示，HL 井井上一间房组和鹰山组发育的 2 套低阻抗储层在波阻抗剖面上都很好地反演出来了，鹰山组井上 4m 的洞穴储层在波阻抗剖面上也清楚的刻画出来了，从 HL 井井上波阻抗曲线与反演提取的井周的波阻抗曲线对比图上可以看出，测井波阻抗曲线与反演的波阻抗曲线吻合度还是很高的。HM 井以地震上的强振幅"串珠"为钻探目标，HM 井波阻抗剖面上，尽管大的洞穴储层还在下面，但井筒周缘裂缝—孔洞型储层也是很发育。HM 井上波阻抗曲线与反演提取的波阻抗曲线对比吻合度也很高。无论是 HM 井钻探的非串珠状储层，还

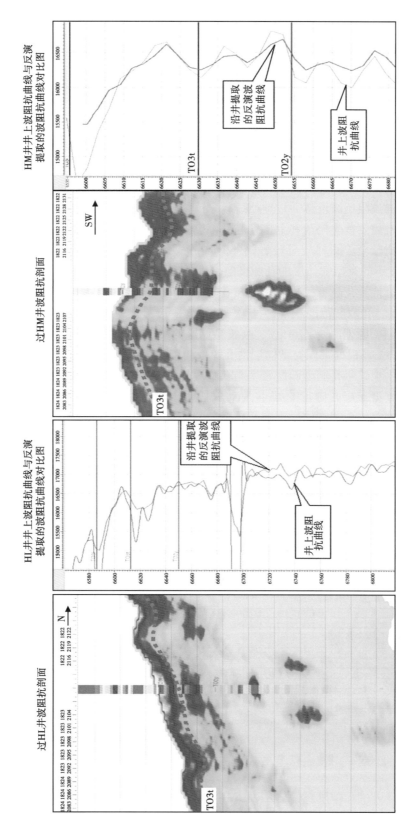

图 7-2-13　过 HL 井、HM 井叠前时间偏移与叠前深度偏移资料地震串珠对比图

是 HM 井钻探的"串珠"状储层，地质统计学反演的储层与钻井均是比较吻合的，分辨率、吻合率均较高。

3. 缝洞体孔隙度计算

应用波阻抗反演方法准确刻画出了缝洞型储层的空间形态，还不能确定单个缝洞体的有效储集空间，因为碳酸盐岩储层类型多样，有裂缝型、孔洞型、裂缝—孔洞型、洞穴型，储层内充填物质也不一样，刻画的每个缝洞体都是不同类型储层的组合体，只有计算出各个缝洞体的孔隙度，才能准确计算相应的有效储集空间。因此计算碳酸盐岩缝洞—储层的孔隙度属性体，也是碳酸盐岩缝洞—储层定量刻画最关键的一步。

在同种岩性体内，如果孔隙度变化，其密度也相应会发生变化。波阻抗是密度与速度的乘积，刻画缝洞体的波阻抗属性体通过地质统计学反演已求得，因此要通过波阻抗属性体计算孔隙度属性体，就需要首先搞清井上密度与孔隙度的关系。在哈拉哈塘地区奥陶系已完钻井中，优选了资料比较全、测井质量较好的 42 口井进行了井上孔隙度与密度的交会分析。如图 7-2-14 所示，不同类型的储层的孔隙度与密度的交会关系是不一样的，因此不能简单地运用一个关系式来计算孔隙度。根据密度与孔隙度的交会统计得到：洞穴型储层的密度范围在 0.9~2.55g/cm³，孔隙度范围在 5%~100%；裂缝—孔洞型和孔洞型储层的密度范围在 2.56~2.7g/cm³，孔隙度范围在 2%~9%；裂缝型储层的密度范围在 2.68~2.73g/cm³，孔隙度范围在 0.1%~2.5%。根据不同类型储层的孔隙度与密度进行交会，得到洞穴型储层密度与孔隙度的关系式、裂缝—孔洞型储层密度与孔隙度的关系式以及裂缝型储层密度与孔隙度的关系式。由于裂缝型储层孔隙度非常小，计算中就只考虑裂缝—孔洞型储层和洞穴型储层，因此就只应用裂缝—孔洞型储层密度与孔隙度的关系式和洞穴型储层密度与孔隙度的关系式来分别计算碳酸盐岩缝洞型储层的孔隙度属性体。

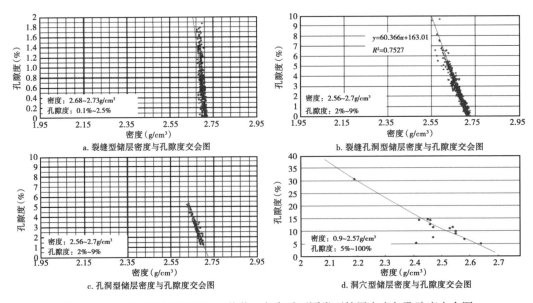

图 7-2-14 哈拉哈塘地区 42 口井井上奥陶系不同类型储层密度与孔隙度交会图

通过计算的 HM 井的孔隙度属性体剖面（图 7-2-15），可以看出 HM 井井筒处储层孔隙度较低，大部分都处在浅蓝色区，孔隙度大多小于 2.5% 左右，井上测井解释仅为 Ⅱ 类储层，测井解释差油层 5.1m/2 层。而在井筒的下部和东南部，发育孔隙度超过 30% 的缝洞体，目前该井试油主要测试的是奥陶系一间房组底部和鹰山组顶部，酸化压裂效果明显，沟通了井筒东南部的缝洞体，该井测试日产油 67.73m³，日产气 5769m³，截至 2018 年 5 月，该井已累计产油 13.08×10⁴t。

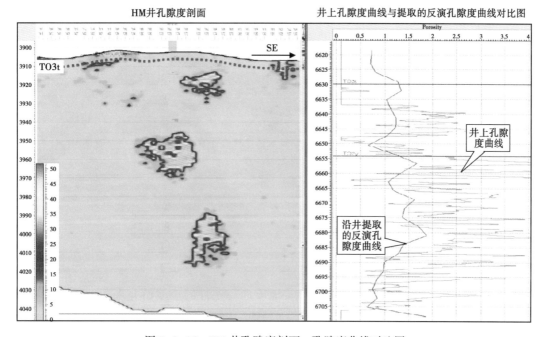

图 7-2-15 HM 井孔隙度剖面、孔隙度曲线对比图

前面方法计算出的碳酸盐岩孔隙度体还只是时间域的数据，为了能使计算出的缝洞体有效储集空间更为准确，需要将时间域的碳酸盐岩孔隙度属性体转换为深度域的孔隙度属性体。碳酸盐岩的非均质性，使得碳酸盐岩内幕速度变化非常复杂，这会使得相对于潜山面空间位置相同和体积相同的缝洞体在时间域上空间位置和体积都有差异，必须通过精细速度研究，将其转换到深度域进而消除这种差异。这包括两个方面：一是碳酸盐岩顶面空间位置的准确刻画，二是内幕缝洞体储层相对位置和大小的刻画。

时间域的孔隙度属性体通过利用精细的突变速度转换为深度域的孔隙度属性体后，在空间上储层形态有较明显的变化，在相同比例的孔隙度剖面上，深度域的洞穴储层形态上比时间域的洞穴小（图 7-2-16）。同时深度域的孔隙度数据体还有利于下一步的井位优选，井轨迹设计。特别是在井轨迹设计中，如果明确最好的储层在地下分布深度及空间展布，那么就可以根据储层空间展布特征来确定井轨迹的走向，井底钻探的深度，做到钻前就能预测到钻到目的层段储层的复杂情况，以达到避开风险，提高钻探成功率的目的。

4. 缝洞体有效储集空间计算

尽管通过一套复杂的方法得到了深度域的孔隙度属性体，但这样计算出缝洞体的有效储集空间还是不够准确的；因为缝洞体在地质上大小可以从 1m 到几百米甚至上千米，而地震的纵向分辨率和横向分辨率是有限的。地震响应的体积与地质模型的体积是有明显差异的，地震响应体积偏大。由于波阻抗数据体基本能够确定溶洞的顶底位置，因此对地震响应的横

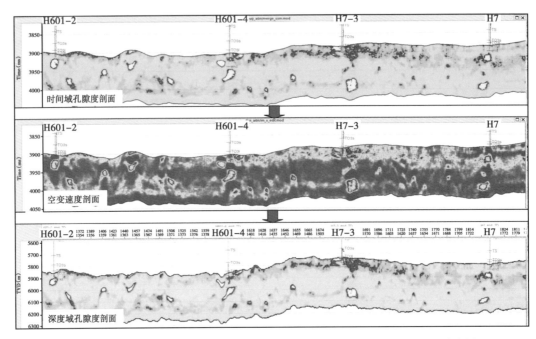

图 7-2-16　过 H601-2 井、H601-4 井、H7-3 井、H7 井连井速度剖面、孔隙度剖面

向校正（宽度）显得更为重要。从基于真实地质地震条件的正演研究来看（图 7-2-17），当缝洞体横向展布小于 50m 的时候，在地震上响应非常的微弱，基本上不可识别。当缝洞体横向展布在 50~450m 时，缝洞体的真实体积与地震上所反映的地震体积相差很大，缝洞体横向展布越小，地震所反映的体积与实际缝洞体真实体积相差越大。当缝洞体横向展布大于 450m 后，地震预测的缝洞体体积与实际地质模型体积基本一致。因此就需要用一个校正关系式对缝洞体横向展布在 50~450m 的储层进行体积校正，以求达到更为准确计算缝洞体

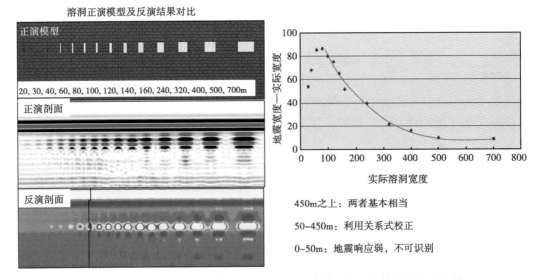

图 7-2-17　不同大小缝洞体正演、反演和正演模型与反演结果大小对比图

的空间体积。

通过对缝洞体进行体积校正后，再利用校正后的碳酸盐岩孔隙度属性体进行三维空间定量雕刻，计算有利储层的有效储集空间，进而估算研究区的储量。在定量雕刻过程中，利用"分级雕刻、分算求和"的方法计算总容积，将不同孔隙度范围内的储层分别进行雕刻并求和，计算出缝洞体的总容积。其计算公式如下：

$$缝洞体容积 = \sum 深度域体积 \times 校正系数 \times 孔隙度$$

计算出缝洞体的容积后，根据不同缝洞体的含油饱和度、原油密度就可以很容易的计算出该缝洞体的原油储量。

第三节　裂缝储层井震结合预测

目前，在全世界范围进行的油气勘探开发过程中，裂缝性油气藏所占的比例越来越大。据统计，在我国裂缝性油气藏的储量为油气探明储量的 1/3 左右。在塔里木盆地碳酸盐岩油藏勘探开发过程中，储层中的裂缝具有非常重要的作用，主要体现以下 3 个方面：（1）储层中的裂缝能够提供有效的渗滤通道和储集空间，可大大增加油井的泄油半径，从而极大地改善储层的渗透特性，提高储层的有效渗透率；（2）早期形成的裂缝对洞穴型、孔洞型储层的发育或改造起到控制作用；（3）尤其对缺乏基质孔隙的碳酸盐岩缝洞型储层而言，裂缝更是成为沟通孔洞、提高产能的主要因素。因此，针对碳酸盐岩储层裂缝发育程度的地震预测技术研究，具有非常重要的研究意义。

通过多年对碳酸盐岩储层的综合研究，发展了针对碳酸盐岩裂缝预测的一系列相关技术。基于目前地震勘探资料本身分辨能力的限制，裂缝预测技术的发展整体上可以分为两个层次，首先是基于叠加后的三维地震数据体，通过研究地震道间不连续变化和构造变形来预测断层发育区及构造突变区，间接地预测裂缝发育带，该类方法包括相干加强裂缝预测技术、蚂蚁追踪裂缝预测技术、曲率裂缝预测技术，其中效果最为明显的属性为相干类和曲率类，此外相位属性在某些区块也取得了较好效果；其次是基于裂缝介质的方位各向异性属性来分析预测裂缝，可以是振幅、频率、AVO 梯度等属性，该方法需要较宽方位的地震资料，理论上预测精度应高于叠后资料属性分析的精度。

相干加强裂缝预测技术主要是通过对相干数据体进行边缘检测之类的强化处理，可以突出细微的不连续性，压制明显的不连续性，从而实现对小尺度断层及裂缝的预测，主要分如下两步进行。

一、裂缝井震特征

如图 7-3-1 所示，井上测井解释有三段裂缝发育区，第一段裂缝发育段 6568.0~6585m，测井解释 4 条裂缝，第二段裂缝发育段 6602.0~6608.5m，测井解释 17 条裂缝，第三段裂缝发育段 6608.5~6631.0m，测井解释 48 条裂缝。第三段裂缝最为发育，在远探测声波上也能看出裂缝非常发育。将井筒周缘裂缝发育的情况标定在同样深度的叠前深度偏移的裂缝预测剖面上，剖面上蓝色区域为裂缝预测裂缝最发育区，可见井上裂缝解释裂缝最发育区与地震裂缝预测的裂缝最发育区是吻合的，也就是说井上裂缝发育程度与地震裂缝预测振幅强度有相关性，井上裂缝越发育，地震裂缝预测振幅越强。

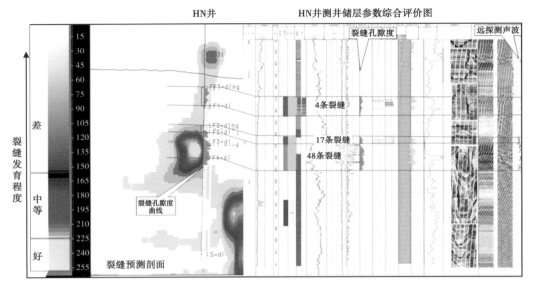

图 7-3-1　HN 井震裂缝标定图

如图 7-3-2 所示，井上有两大段裂缝发育区，第一段裂缝发育在 6639.0~6648.0m 处，井旁裂缝距井壁 8~9m，裂缝孔隙度为 0.036，第二段裂缝发育在 6655~6682m 处，井旁裂缝距井壁 8~10m，裂缝孔隙度 0.01~0.03。将井筒周缘裂缝发育的情况标定在同样深度的叠前深度偏移的裂缝预测剖面上，剖面上蓝色区域为裂缝预测裂缝最发育区，井上裂缝解释裂缝最发育区与地震裂缝预测的裂缝最发育区是吻合的，井上无裂缝发育的地方，在地震上也是裂缝预测较差的地方。可见井上裂缝发育程度与地震裂缝预测振幅强度有相关性，井上裂缝越发育，地震裂缝预测振幅越强。

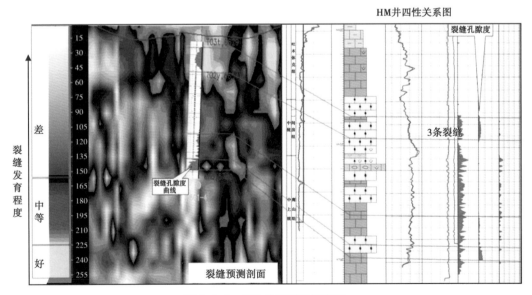

图 7-3-2　HM 井震裂缝标定图

二、相干加强裂缝预测

从 HO 井全三维区奥陶系一间房组顶裂缝预测平面图和断裂系统图，在断裂发育的区域，裂缝也最为发育，断裂发育处，裂缝发育程度最强（图 7-3-3）。从 HP 井、HQ 井奥陶系目的层裂缝预测平面图和油气生产曲线图（图 7-3-4）中可以看出，高产稳产井 HP 井周缘裂缝十分发育，裂缝强度大，也就是裂缝连通性好，能沟通周缘的缝洞体，使 HP 井油气生产有充足的能量补给，产能稳定，日产油一直保持在 120t 左右，油压稳定，累计产量高，已累计产油 4.26×10^4t。H7-1 井周缘裂缝欠发育，裂缝发育程度低，无法连通周围其他缝洞体，从该井生产曲线上可以看出，该井油压下降很快，油压由 16MPa 下降到 1MPa 左右，原油产量也迅速下降，由日产油 78t 到目前的 14t 左右，累计产油目前仅 1.27×10^4t，该井为典型的定容型缝洞体。可见叠后相干加强裂缝预测对裂缝的发育强度预测效果还是较为准确的，利用裂缝发育强弱分析缝洞体的连通性很有效。

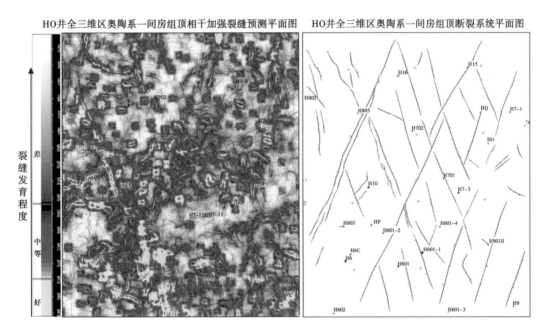

图 7-3-3 HO 全三维区奥陶系一间房组顶裂缝预测图和断裂系统图

三、预测结果检验

对于裂缝发育方向的预测，需要应用另一种裂缝预测方法，即叠前各向异性裂缝预测。

当地层仅发育单组裂缝，或总体表现为某一方向是裂缝发育的主要方向时，将会呈现出明显的各向异性特征，这时，就必须用各向异性的理论来指导反演。

裂缝的各向异性特征，简单地说，就是当裂缝发育具有明显的方向性时，由于裂缝面与原地层物理性质的不同，地震波在裂缝介质中的传播速度、反射系数、频谱衰减特征、AVO 特征等物理性质会随着传播方向与裂缝走向的夹角的变化而变化，夹角越小，速度越快。

在实际地层中，主要存在两种各向异性。一种是大套地层引起的。如果整套地层是由许多层速度不同的小层组成，这时候低速的小层就相当于裂缝面，高速的小层就相当于原地

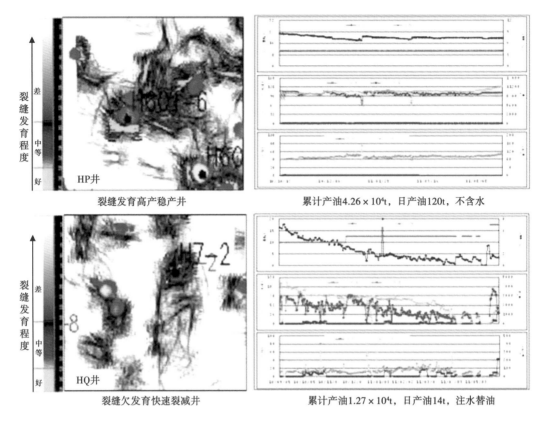

图 7-3-4　HP 井、HQ 井裂缝发育程度与油气产能关系图

层。当地层倾斜时，地震波在地层中的传播速度与它的传播方向与地层倾角之间的夹角有关，往往是顺层传播速度快，垂直地层传播速度慢。将这种地层称为 TTI 介质，通常由互层的砂泥岩地层组成，它主要影响下伏构造位置的精确落实。另一种是由单套地层中的垂直裂缝引起的。由于上覆载荷的压实作用，地层中的水平缝或低角度裂缝近乎消失，保留下来的都是高角度缝和垂直裂缝。当地层仅发育单组裂缝，或总体表现为某一方向是裂缝发育的主要方向时，将会呈现出明显的各向异性特征，将这种地层称为 HTI 介质（图 7-3-5a）。地震波传播速度随方位角变化，沿裂缝主方向传播时（$\phi = 0°$）速度最快，垂直于这个方向（$\phi = 90°$）传播时速度最慢（图 7-3-5b），整体表现为一个椭圆（图 7-3-5c）。在碳酸盐岩裂缝研究中，主要研究的就是这种裂缝。

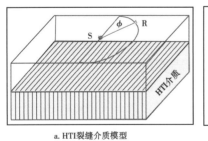

a. HTI 裂缝介质模型

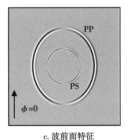

c. 波前面特征

图 7-3-5　HTI 介质的正演模拟

不只是传播速度与反射系数，其他属性也有类似的特征。比如，P 波的 AVO 梯度在平行于裂缝走向和垂直于裂缝走向上存在较大差异。AVO 梯度较小的方向是裂缝走向，梯度最大的方向是裂缝法线方向，并且差值本身与裂缝的密度成正比，由此可以标定出裂缝的密度。如果用 AVOZ（方位 AVO）分析法计算出 360° 范围内的每一组方位角的梯度值，就可以得到不同方位角对应的最大梯度差值（相当于椭圆的长轴与短轴之差），据此判定裂缝的走向。HTI 介质中纵波的能量衰减也是随方位变化的。能量最弱的方向就是垂直于裂缝的方向，反之则为平行于裂缝的方向。同时，能量衰减越明显，说明裂缝越发育，反之亦然。因此，通过拟合振幅、速度、AVO 梯度、能量衰减、频率等属性的各向异性椭圆，可以预测出裂缝的方向和相对密度。

由于裂缝的复杂性，井间地层的裂缝方向和密度难于依靠井中结果的外推。当研究区井数据不丰富时，就必须寻找其他方法进行裂缝研究。地震资料无疑是最好的选择。对 HTI 介质而言，地震波的速度、衰减、振幅、AVO 等都会表现为与裂缝发育方向有关的椭圆，其中椭圆的长轴方向即平行（或垂直）于裂缝走向，而椭圆的扁率则反映了裂缝发育密度，据此，就可以实现裂缝的定量预测。

如图 7-3-6 所示，彩色细线条的颜色代表裂缝强度，红色裂缝最强，方向代表裂缝走向。在 H7 地区奥陶系一间房组顶部石灰岩裂缝是比较发育的，特别是在工区北部 H702 地

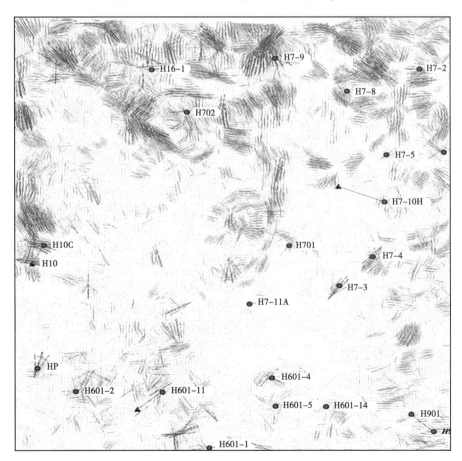

图 7-3-6 高密度三维奥陶系一间房组顶各向异性裂缝预测平面图

区、H16-1 地区裂缝最为发育，裂缝发育方向总体为北东向和北西向，与该区大断裂的发育方向基本一致。如图 7-3-7 所示，利用各向异性特性预测的裂缝走向与对应的测井解释的裂缝走向各个井都基本一致。也就是说各向异性裂缝预测预测效果是很好的，跟井的吻合度高。通过对井统计，H7 地区高密度三维内 80% 的井预测裂缝方向与测井解释的裂缝方向一致，可见在哈 7 地区应用全方位三维地震资料进行各向异性的裂缝预测与实际钻井吻合度较高，效果很好。

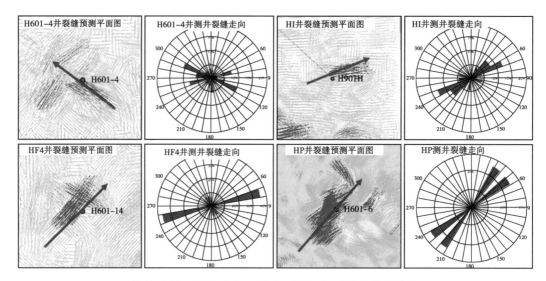

图 7-3-7　H601-4 井、HI 井、HF4 井、HP 井各向异性
预测的裂缝方向与测井裂缝方向对比图

第八章　测井评价典型实例

塔里木盆地、四川盆地、鄂尔多斯盆地和渤海湾盆地的碳酸盐岩储层均有其自身特点，本章在简要描述这些区块地质背景、油气藏特征的基础上，通过对前述各种方法的综合运用，介绍了这些区块一些典型井的储层和流体评价实例。

第一节　塔里木盆地哈拉哈塘区块奥陶系石灰岩缝洞型油气藏测井评价

塔里木盆地哈拉哈塘位于塔里木盆地塔北隆起轮南低凸起的西部斜坡带，整体表现为向西倾没的大型鼻状构造，紧邻塔河油田艾丁—托普台区块。

哈拉哈塘区块主要储层的岩性为碳酸盐岩。储层地质特征总体表现为岩性单一、稳定，而孔隙空间结构及组成则极为复杂。原生孔隙空间难以形成有效的储集和渗流，成岩后生和表生作用下形成的次生孔隙、裂隙，往往成为有效储集和渗流空间的重要组成部分。

一、油气藏特征

哈拉哈塘地区奥陶系碳酸盐岩地层主要分为良里塔格组、吐木休克组、一间房组及鹰山组。吐木休克组是主要储层发育段，一间房组及鹰山组有良好盖层。哈拉哈塘地区奥陶系碳酸盐岩储层岩性以石灰岩为主，岩心薄片分析方解石含量平均达到98%左右，泥质含量平均在2%左右，部分薄片含有微量的硅质成分。

碳酸盐岩剖面孔隙空间结构、组成是描述碳酸盐岩储层最基本的特征。哈拉哈塘地区奥陶系碳酸盐岩储层原生孔隙特低孔（平均<2%）、低渗（平均<1mD）的特点，难以形成有效的储集和渗流，沉积以后的成岩后生及表生作用形成的次生孔隙（溶蚀孔、洞，裂缝—裂隙等），极大地改善了碳酸盐岩的有效储集和渗流能力，甚至成为占主导地位的储集空间和渗流通道。

根据哈拉哈塘区块奥陶系10口井、11筒心，共70.34m岩心观察，拾取孔洞284个；拾取裂缝88条、微裂缝10组。从拾取的孔洞孔径分布来看，主要为小洞—中孔级别；多见充填，以半充填为主，充填物主要为自形—半自形晶方解石、泥质及有机质，孔洞间连通性较差。从拾取的裂缝来看，裂缝宽度在0.1~2mm，主要为小缝—微缝量级；从产状来看，主要以高角度的斜交缝、立缝为主，其次为低角度斜交缝（平缝），网状微裂缝（宽度<0.1mm）成组出现；多见充填，半充填为主，充填物主要为方解石、泥质及有机物。

常规孔渗分析结果表明，一间房组孔隙度变化在0.45%~4.72%，平均值1.48%，主峰位于1%~1.5%；渗透率变化在0.0017~13.8mD，平均值0.3mD，主峰位于1.5mD。含裂缝样品统计，渗透率变化在0.315~153mD，平均值8.55mD，主峰位于0.1~10mD。渗透率值受岩样裂缝发育状况的巨大影响，当有裂缝存在时，渗透率呈级数增大。

二、井筒缝洞型储层评价

HA 井位于塔里木盆地塔北隆起轮南低凸起上。该低凸起北邻轮台凸起，南邻北部坳陷，西接英买力低凸起，主体在轮南油田—塔河油田一带。哈拉哈塘凹陷奥陶系整体向北抬升，奥陶系桑塔木组、良里塔格组、吐木休克组、一间房组逐渐遭受剥蚀，自南向北依次减薄尖灭，最北部为志留系柯坪塔格组岩屑砂岩段直接覆盖于奥陶系一间房组潜山之上。

1. 测井资料质量评价

塔里木盆地碳酸盐岩储层受裂缝发育情况影响大，同时地层的非均质性和各向异性大小也间接决定着储层品质和储层改造的难易。因此，对于塔里木盆地碳酸盐岩储层，自然伽马测井和双侧向测井为必测项目，以用于基本的地层对比。在井况条件许可的情况下，还建议测全岩性密度、伽马能谱和声电成像等测井项目，并以此来进行更为准确的裂缝评价、地应力评价及各向异性分析等。

HA 井完井主要采集了 ECLIPS-5700 系列的双侧向电阻率、放射性测井、偶极声波成像测井等资料及 EXCELL-2000 系列的 XRMI 资料（表 8-1-1）。

表 8-1-1　HA 井测井项目统计表

测井项目	测量井段（m）	测井系列
自然伽马、双侧向、自然电位	6512.00~6668.00	
岩性密度、伽马能谱、井径	6512.00~6668.00	ECLIPS-5700
偶极声波成像测井（XMAC-Ⅱ）	6512.00~6668.00	
微电阻率电成像（XRMI）	6512.00~6668.00	EXCELL-2000

首先，测井资料质量由测井监督根据区域地层规律及认识进行现场质控及把关，杜绝现场操作不当、井筒测量条件不达标导致的测井曲线失真。然后，室内解释人员在准确校深的基础上，检查各条曲线的响应规律是否一致，是否符合本区的地层规律。经检查，HA 曲线质量满足测井解释要求（表 8-1-2）。

表 8-1-2　HA 井测井资料质量控制表

测井项目	曲线名	刻度检查	测速检查	重复性检查	曲线质量
双侧向	RD、RS	合格	优秀	优秀	优秀
自然伽马	GR	合格	优秀	优秀	优秀
井径	CALI	合格	优秀	优秀	优秀
偶极声波	XMAC-Ⅱ	合格	优秀	优秀	优秀
岩性密度	ZDEN	合格	优秀	优秀	合格
补偿中子	CNC	合格	优秀	优秀	优秀
伽马能谱	K、U、TH	合格	优秀	优秀	优秀
XRMI	XRMI	合格	优秀	优秀	优秀

2. 储层有效性评价

塔里木盆地奥陶系储层主要发育在吐木休克组、一间房组和鹰山组，奥陶系桑塔木组和良里塔格组被剥蚀，奥陶系与志留系不整合接触，吐木休克组岩溶储层发育；从成像测井资料来看，一间房组主要发育溶孔型储层，裂缝不发育；鹰山组储层发育，溶蚀较为严重，发育较多的裂缝。

1）常规测井资料处理与解释

HA 井常规测井资料较齐全，根据测井资料，对孔隙度、裂缝孔隙度、渗透率及含烃饱和度等参数进行了计算。

HA 井顶部储层为风化壳储层，孔隙度及岩性剖面计算采用了密度—中子交会计算；对吐木休克组及一间房组储层，矿物成分主要为石灰岩及泥质，因此采用了单矿物模型计算孔隙度及矿物剖面。

碳酸盐岩地层裂缝发育，利用塔里木已建立的双侧向裂缝孔隙度计算模型，可以较好地表征碳酸盐岩地层裂缝发育状况，计算结果如图 8-1-1 中第 8 道及第 9 道。

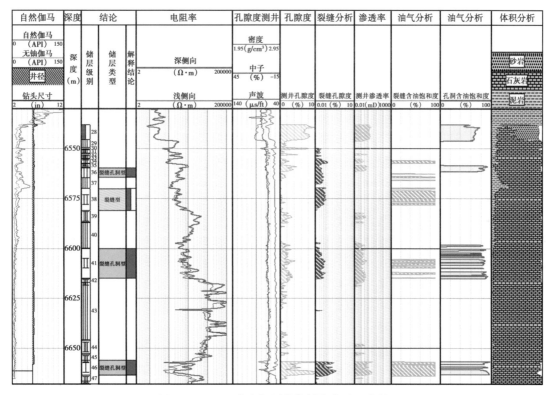

图 8-1-1　HA 井常规测井资料综合处理成果图

对于碳酸盐岩中由裂缝和基块孔隙组成的双重介质储层，其渗透率是由基块孔隙渗透率 K_b 和裂缝渗透率 K_f 共同组成，且两者的差别很大，一般裂缝渗透率 K_f 比基块孔隙渗透率要大得多，所以应分别计算这两部分的渗透率。对于 3 种不同的储层类型，裂缝型储层只估算裂缝渗透率；孔洞型储层只估算基块渗透率；裂缝—孔洞型储层既估算基块渗透率又估算裂缝渗透率，总渗透率为两者之和（图 8-1-1 中第 10 道）。

碳酸盐岩孔洞型储层符合孔隙导电的机理，因此采用阿尔奇公式计算（图 8-2-2 中第 12 道），岩电参数采用了 $a = 0.883$，$b = 1.2118$，$m = 1.7284$，$n = 2.6784$。地层水电阻率根据该区水分析化验结果，取值为 0.015Ω·m。对裂缝孔隙度大于裂缝孔隙度下限（本区为 0.04%）的储层，取裂缝含油饱和度为 90%（图 8-1-1 中第 11 道）。

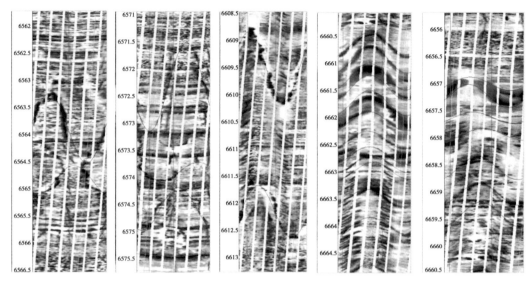

图 8-1-2　HA 井 XRMI 电成像测井图像裂缝发育特征

按储集空间的发育程度、储渗性能的好坏，本区储层可划分为Ⅰ、Ⅱ、Ⅲ个类别，根据本区已经获得的试油测试资料，结合塔里木盆地实际情况，本区碳酸盐岩储层级别定义如下：

Ⅰ类储层：不用酸化压裂，就可获得工业产能的储层（>4000m，产能 10t/d）；

Ⅱ类储层：经现在工艺技术酸化、压裂改造后能获得工业产能的储层；

Ⅲ类储层或干层：经现在工艺技术酸化、压裂后，能产出一定的流体，但达不到工业产能的储层（>4000m，产能 10t/d）；干层，无须做改造的层段。

塔里木盆地碳酸盐岩储集空间类型具有多样性，按孔、洞、缝的发育情况及其在空间组合关系上的不同，本区储层类型可分为四类：洞穴型、裂缝—孔洞型、孔洞型及裂缝型，各种储层类型的评价标准见表 8-1-3。

表 8-1-3　哈得 23 井区储层类型评价标准

储层类型	裂缝孔隙度（%）	总有效孔隙度（%）	含油饱和度（%）
裂缝型	≥0.04	<1.8	≥50.0
裂缝孔洞型	≥0.04	≥1.8	≥50.0
孔洞型	<0.04	≥1.8	≥50.0
洞穴型	扩径，电阻率值降低；伴随井漏，放空等		

利用上述方法与模型进行测井资料处理解释，结合哈得 23 井区电性评价标准，哈 15 井综合处理成果图如图 8-1-1 所示，第 3 至第 5 道为综合解释结论，其中第 3 道为储层级别，第 4 道为储层类型，第 5 道为流体性质。

2）电成像测井资料处理与解释

哈拉哈塘地区奥陶系一间房组储层裂缝发育，如图 8-1-2 所示：HA 井在 6657m 附近还发育一小洞穴。经统计，该井裂缝倾角在 50°~80°，北倾，近东西走向（图 8-1-3）。

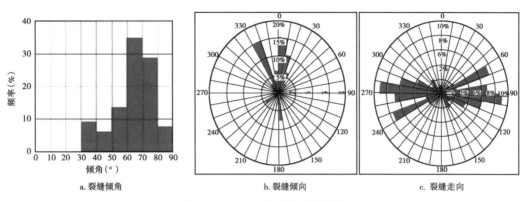

a. 裂缝倾角　　　　　　　　　b. 裂缝倾向　　　　　　　　　c. 裂缝走向

图 8-1-3　HA 井裂缝产状特征

3）偶极声波成像测井资料处理与解释

偶极声波成像测井是各向异性分析、储层有效性评价和斯通利波渗透率计算的有效手段，处理成果如图 8-1-4 所示。斯通利波全波列图像（第 7 道）显示井段 6651.5~6653.5m 首波衰减较大、人字形衍射及反射异常（第 5 道黄色填充），且各向异性较强，指示裂缝有效性好。斯通利波时差计算的渗透率可达 100mD，为本井渗透性最好的层段。

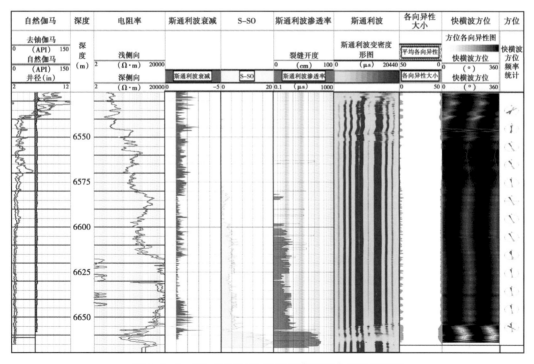

图 8-1-4　HA 井 XMAC-Ⅱ 测井资料综合处理成果图

3. 流体识别

对电成像测井资料进行谱分析处理，以孔隙度谱评价储层有效性，以视地层水电阻率谱识别流体类别。如图 8-1-5 所示，第 7、第 8 道分别为电成像孔隙度谱图像及谱参数，第 9、第 10 道分别为电成像视地层水电阻率谱分析图像及参数。

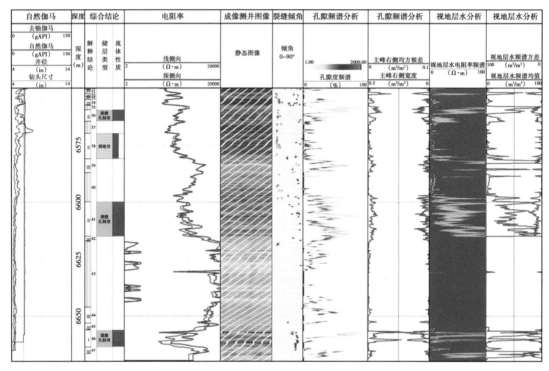

图 8-1-5　HA 井 XRMI 电成像谱分析综合处理成果图

从电成像孔隙度谱形状参数主峰右均方根差及主峰右宽度交会图（图 8-1-6）可见，

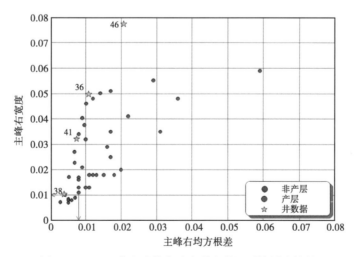

图 8-1-6　HA 井电成像孔隙度谱参数识别储层有效性

HA 井第 38 号层有效性相对较差，其他储层有效性较好。视地层水电阻率谱（图 8-1-7）形状呈典型油层特征，分布范围较宽，其均值与方差均位于油气层区。

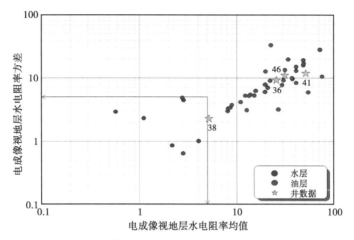

图 8-1-7　HA 井电成像视地层水电阻率谱参数流体判别

综合分析常规测井、电成像测井和偶极声波成像测井等评价成果，将第 38 号层解释为差油层，第 36、第 41 和第 46 号层解释为油气层。对上述层段酸化压裂试油，5mm 油嘴掺稀求产，日产油 52.5m³，测试证实为油层。

近 5 年来，塔里木盆地碳酸盐岩储层流体解释符合率总体稳步提升（图 8-1-8），说明其流体评价方法准确可靠。2015 年，由于塔里木新区的勘探力度加大，而相应的测井采集及岩石物理实验资料较少，流体解释符合率略有下降。

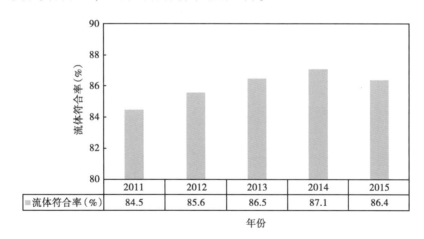

	2011	2012	2013	2014	2015
■ 流体符合率（%）	84.5	85.6	86.5	87.1	86.4

年份

图 8-1-8　塔里木盆地碳酸盐岩储层近 5 年测井解释流体符合率

三、井旁缝洞型储层评价

HB 井是 HA601 岩性圈闭上的有利点，该圈闭位于轮南低凸起西围斜鼻隆高部位、奥陶系碳酸盐岩层间岩溶发育区，储层为奥陶系一间房组及鹰山组石灰岩溶洞及裂缝，盖层为上奥陶统吐木休克组泥灰岩。

1. 远探测声波测井资料质量评价

远探测声波测井不仅具有正交偶极子阵列声波测井的基本功能，还能探测碳酸盐岩储层井筒附近 24~25m 范围内的裂缝发育情况，远大于现有其他测井仪器的探测范围。因此，对油气显示较好而井壁储层不发育或者储层厚度较小的井，可进行远探测声波测井。

2013—2015 年三年期间，远探测声波测井应用井数分别为 9 口、7 口和 10 口。根据远探测声波测井的现场应用成果，建立了其测井资料质量评价的基本标准：（1）原始波形应基线平直，续波无异常起跳，波形无限幅"平台"；（2）不同模式波对应的 STC 质量及频谱区应位于合理区域。

2. 远探测声波测井资料解释

HB 井目的层段除采集远探测声波反射波测井资料外，还采集了双侧向测井、放射性测井及 XRMI 成像测井资料。该井碳酸盐岩储层主要发育在奥陶系一间房组和鹰山组。对该井采集的常规测井资料、XRMI 电成像测井资料及远探测声波反射波成像测井资料进行了综合处理及解释。从处理成果来看，该井井壁储层不发育。

对 HB 井常规测井及电成像测井资料进行了处理，如图 8-1-9 所示，该井井壁储层不发育，处理孔隙度最大仅为 3.0%，储层电阻率在 700~1500Ω·m。从电成像测井处理成果图上看，6640~6648m 井段可见溶蚀孔洞、诱导缝发育，偶见天然裂缝；6664~6674m 井段主要发育溶蚀孔洞，未见裂缝发育。经统计，该井裂缝倾角在 50°~80°，北倾，近东西走向。从常规及电成像处理成果总体来看，本井井壁储层发育较差。

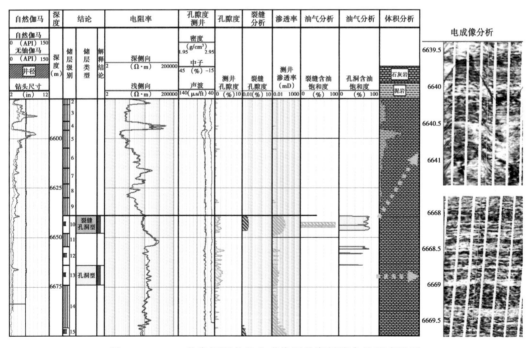

图 8-1-9　HB 井常规测井及电成像测井资料综合处理成果图

从处理的远探测声波反射波成像测井解释成果图上分析，该井井旁裂缝比较发育。根据处理结果，共解释五段井旁裂缝：6616~6629m，距井壁 7~10m；6639~6644m，距井壁 8~9m；

6647～6651m，距井壁8～9m；6655～6672m，距井壁8～10m；6677～6682m，距井壁8-10m（图8-1-10）。

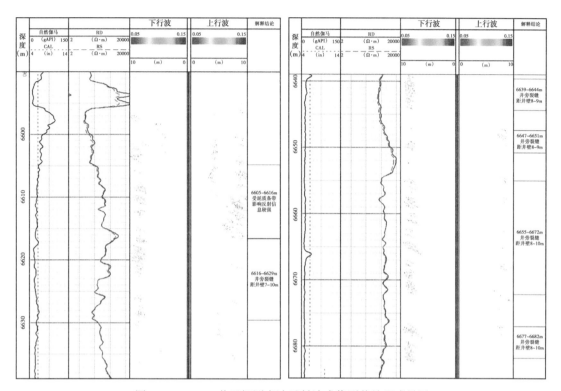

图8-1-10　HB井远探测声波反射波成像测井处理成果图

6616～6629m井段岩性纯、物性差，电阻率较高；下行反射波上在距井壁7～10m的地方反射信息较明显，说明该处存在波阻抗差异。电成像解释成果图上看井壁裂缝不发育。结合分析认为该组强反射为井旁裂缝，结合成像测井分析该组裂缝未过井壁。因此，6616～6629m井段解释为井旁裂缝，厚度13m，距井壁距离7～10m。在其顶部6605～6616m是上奥陶统吐木休克组泥灰岩，受泥质条带的影响反射信号较强，从而判断6605～6616m的反射信息不是井旁裂缝的反射信息。

6639～6644m井段下行反射波上在距井壁8～9m的地方反射信息较明显，说明该处存在波阻抗差异；电成像测井解释成果图可见井壁裂缝较发育。综合解释6639～6644m井段为井旁裂缝，厚度5m，距井壁距离8～9m。

6647～6651m、6655～6672m、6677～6682m井段上行、下行反射波上在距井壁8～10m的地方反射信息较明显，波阻抗存在差异；电成像处理成果图显示井壁裂缝不发育。结合6647～6651m井段发育井旁裂缝，厚度4m，距井壁距离8～9m。

如图8-1-10所示，HB井井旁裂缝较发育，且厚度较大。

3. 应用效果

综合常规测井、电成像测井及远探测声波反射波成像测井资料，HB井综合解释Ⅱ类裂缝孔洞型差油层1层9m，Ⅱ类孔洞型差油层1层10m（表8-1-4）。

HB 井对 6527.83~6650m 井段酸化压裂试油，3mm 油嘴放喷求产，日产油 67.73m³，日产气 5890m³，测试结论为油层。

表 8-1-4　HB 井储层解释结论表

序号	深度段（m）	成像解释			远探测声波井旁裂缝解释	储层评价		综合解释结论
		孔洞发育程度	裂缝条数	产状倾向∠倾角		级别	类型	
1	6639.0~6648.0	见溶蚀孔	3	270°∠75°	6639~6644m 距井壁 8~9m	Ⅱ	裂缝孔洞型	差油层
2	6648.0~6654.5							干层
3	6654.5~6664.0				6655~6672m 距井壁 8~10m	Ⅲ		
4	6664.0~6674.0	见溶蚀孔			6655~6672m 距井壁 8~10m	Ⅱ	孔洞型	差油层
5	6674.0~6695.5				6677~6682m 距井壁 8~10m			干层

经统计，远探测声波反射波成像测井从 2009 年应用以来，共测井 72 口，效果好的井占 51 口，效果差的占 11 口，不统计的占 10 口，总体有效率为 82.2%。应用效果表明，远探测声波反射波成像测井能对井筒以外的储层判断提供较好的依据。

第二节　四川盆地高石梯—磨溪地区寒武系裂缝—孔隙型储层

四川盆地高石梯—磨溪地区寒武系龙王庙组发育颗粒滩相白云岩，储层主要受沉积相与岩溶作用共同控制，宏观展布受乐山—龙女寺古隆起影响，成藏条件优越，是油气富集的有利场所，具备形成大型气藏的储集条件。

一、气藏特征

据岩心观察和薄片鉴定，寒武系龙王庙组储层均发育在白云岩中，储集岩类主要以砂屑白云岩、残余砂屑白云岩和细—中晶白云岩为主。

根据岩心实测物性统计，岩心储层段分析孔隙度在 2.0%~18.5%，主要分布范围为 4.0%~6.0%；渗透率在 0.0001~248mD，主要分布范围为 0.01~10mD；基质孔渗相关性好，储层物性总体表现为中—低孔隙度、中渗透率特征。

龙王庙组储层储集空间划分为孔隙、溶洞和裂缝，主要以粒间溶孔、晶间溶孔为主，其次为晶间孔，部分井段溶洞和裂缝较发育。

龙王庙组储集类型以裂缝—孔隙型为主，气藏类型为构造背景上的岩性圈闭气藏。

二、测井储层评价

MXC 井位于四川盆地乐山—龙女寺古隆起磨溪构造东高点东北段，钻探目的是评价磨溪构造寒武系龙王庙组储层发育及含流体情况。该井龙王庙组取心 5 次，心长 89.94m，总体来看岩性主要为深灰色白云岩，粉晶结构，微含泥质，取心段溶蚀孔洞较为发育，主要以小—中洞为主，溶蚀孔洞中有沥青充填，裂缝类型以高角度裂缝为主（图 8-2-1）。岩心薄片鉴定表明该井龙王庙组沥青含量相对较高，部分井段中溶洞、裂缝几乎被沥青充满（图 8-2-2）。

4657.7~4657.88m，井段溶蚀孔洞   4688.93.26~4689.14m，井段溶蚀孔洞及高角度裂缝

图 8-2-1　MXC 井龙王庙组岩心照片

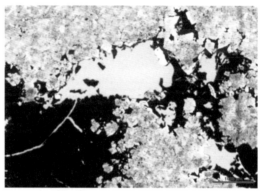

4646.60m，残余砂屑云岩，溶洞充满沥青   4656.50m，细晶云岩，洞内充满焦沥青

图 8-2-2　MXC 井龙王庙组岩心薄片（20 倍、单偏光）

1. 测井资料质量评价

MXC 井完井采集了 ECLIPS-5700 系列常规测井项目，同时有针对性的采集了 XMAC 阵列声波测井、XRMI 电成像测井、MRIL-P 型核磁共振测井、ECS 元素俘获测井等特殊项目，对碳酸盐岩储层溶蚀孔洞、裂缝识别及沥青评价提供了直观的资料、以满足测井精细解释评价要求。

原始测井资料严格按《测井原始资料质量要求》（SY/T 5132—2012）标准予以验收，质量可靠，合格率 100%（表 8-2-1）。

2. 储层有效性评价

根据前文方法进行储层有效性评价，MXC 井龙王庙组综合处理成果如图 8-2-3 所示，第 3 道为沥青定性识别成果，第 6 道为元素俘获 ECS 岩性剖面，第 8、第 9 道为沥青定量分析成果，第 11 道为斯通利波能量衰减定量分析成果。可以看出测井计算的岩性剖面与 ECS 测井分析结果一致性较好，深度段 4636~4666m 为沥青富集层段，常规测井计算孔隙度与核磁共振有效孔隙度差异较大，计算沥青含量分布范围为0.1%~5.2%，平均值为2.6%。经沥青校正后储层有效孔隙度为3.6%，储层厚度38.4m，其中Ⅰ类储层（$\phi>7\%$）厚度0.9m、Ⅱ类储层（$4\%\leqslant\phi<7\%$）厚度17.6m，Ⅲ类储层（$2\%\leqslant\phi<4\%$）厚度19.9m为主，储层物性较好。

表 8-2-1　MXC 井测井项目统计表

测井系列	曲线名称	测量井段（m）	质量
ECLIPS-5700	深浅双侧向	3192.06~4751	优
	补偿声波	3192.06~4751	优
	岩性密度	3192.06~4751	优
	补偿中子	3192.06~4751	优
	井　径	3192.06~4751	优
	井　斜	3192.06~4751	优
	自然伽马测井	3192.06~4751	优
	自然伽马能谱测井	3192.06~4751	优
	XMAC 阵列声波测井	3192.06~4751	优
EXCELL-2000	XRMI 电成像测井	4550~4730	优
	MRIL-P 型核磁共振测井	4630~4730	优
MAX-500	ECS 元素俘获测井	4630~4730	优
	CMR 型核磁共振测井	4630~4730	优

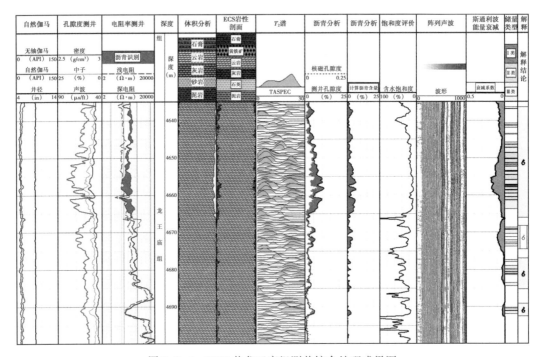

图 8-2-3　MXC 井龙王庙组测井综合处理成果图

采用阿尔奇公式及地层条件下岩电实验参数 $a=1.04$、$b=1.02$、$m=2.28$、$n=1.79$，计算储层段 $4636\sim4700m$ 含水饱和度分布范围在 $7.7\%\sim42\%$，小于有效储层含水饱和度上限 50%。按前文介绍龙王庙组斯通利波储层渗透性评价标准，储层段 $4636\sim4700m$ 斯通利波能量衰减小于 20%，为 II 类渗透层。

综合分析常规、核磁共振、阵列声波等测井评价结果，MXC 井测井综合解释 3 个气层和 1 个差气层，计算储层品质指数 RQ 为 0.71，预测产能为 $10\times10^4\sim50\times10^4\mathrm{m}^3/\mathrm{d}$，对解释层段酸化压裂测试，产气 $30.32\times10^4\mathrm{m}^3/\mathrm{d}$，试气结论与产能预测结果一致。

3. 多井对比分析

在单井精细评价基础上，通过多井对比分析，明确了高石梯—磨溪地区龙王庙组气藏纵横向展布特征。

1) 裂缝分布规律

高石梯—磨溪地区龙王庙组裂缝在纵向上的分布特征如图 8-2-4 所示。总体来看，多数裂缝发育在储层中，以高角度裂缝为主，磨溪地区上段颗粒滩储层的裂缝相对下段发育；高石梯地区裂缝主要发育在上颗粒滩储层中，也以高角度缝为主，但下段几乎无裂缝发育。

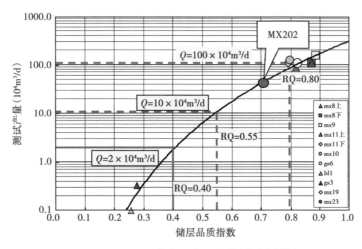

图 8-2-4 MXC 井龙王庙组产能预测成果图

2) 储层分布规律

总体来说，受沉积和岩溶双重影响，磨溪地区龙王庙组储层最为发育，纵向上发育多套储层、累计厚度大；横向上多套储层相互叠置，连片性好，分布稳定且可连续追踪，储层主要以 I 类和 II 类优质储层为主。高石梯地区储层普遍较差，纵向上主要分布在龙王庙组中上部，即中部的高伽马之上，下部储层较差甚至无储层；横向上储层厚度变化较大，非均质性强，储层主要以 III 类储层为主，局部发育"甜点"（图 8-2-5）。

3) 气水分布规律

磨溪地区主体区块龙王庙组气藏为构造背景上的岩性气藏，如图 8-2-6 所示，受气藏内部微构造与滩储层非均质控制存在局部封存水。

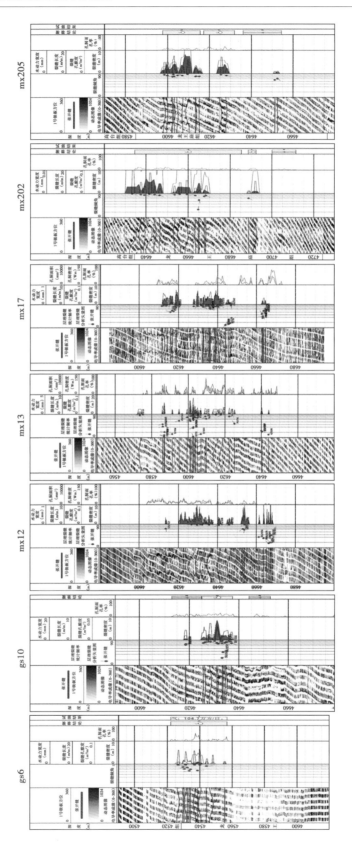

图 8-2-5　MXC 井龙王庙组产能预测成果图

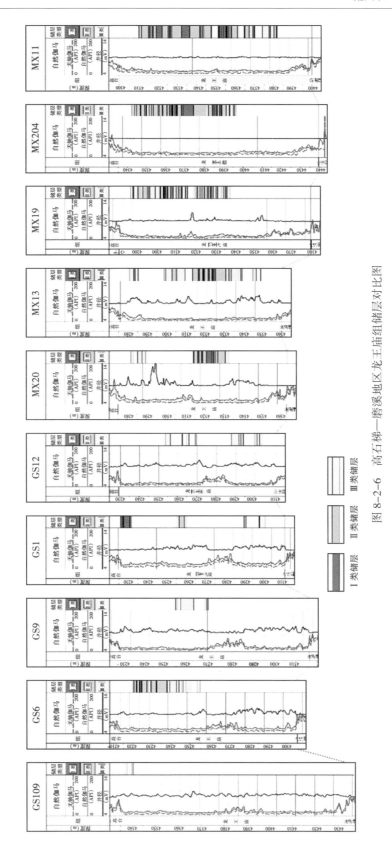

图 8-2-6 高石梯—磨溪地区龙王庙组储层对比图

I 类储层   II 类储层   III 类储层

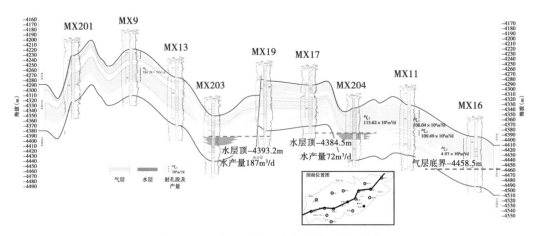

图 8-2-7　磨溪区块龙王庙组气藏海拔对比图

三、应用效果分析

目前该套测井评价技术已在四川盆地龙王庙组勘探开发中得到大规模应用。据统计，2013—2015 年度高石梯—磨溪地区龙王庙组测试 66 口井 178 层，测井储层有效性解释符合率达 94.9%，流体识别符合率达 95.2%，测井综合解释符合率较研究前提高了 15 个百分点，证明了本套评价技术在龙王庙组具有较好的适应性。

第三节　鄂尔多斯盆地靖西地区奥陶系白云岩

鄂尔多斯盆地靖西地区奥陶系马家沟组纵向上可分为上部（马五$_{1-4}$）、中部（马五$_{5-10}$）和下部（马四）三套成藏组合，靖西地区马家沟组中、上组合都具有较好的成藏条件和形成大型气藏的地质基础。上组合主要为风化壳型白云岩储层，中组合储层很少受风化淋滤的作用，储集空间类型主要以晶间孔为主，其次为溶孔、微裂缝，局部有高孔渗储层，但多数储层表现为低孔低渗特征。

一、靖西地区奥陶系白云岩地质特征

1. 区域地质特征

马家沟组马五期主要为蒸发环境，马五$_5$为蒸发环境中的短暂海侵期，自东向西依次发育东部灰岩洼地、靖边缓坡、靖西台坪及环陆云坪等沉积相带，其中靖西台坪相水动力较强，主要发育灰云坪、藻屑滩、藻灰坪等微相沉积，形成局部分布的浅水颗粒滩沉积。在浅埋藏期，由于间歇性暴露，颗粒滩沉积受混合水白云岩化作用改造，形成了储集性能较好的白云岩储层。加里东期，马家沟组抬升，遭受剥蚀，使其各层段自上而下逐层剥露至地表。在古隆起东侧马五$_5$白云岩储层与煤系烃源岩直接接触，构成了良好的源储配置关系。印支末期—燕山期，随着上古生界煤系烃源岩热演化成熟进入烃类气体的大量生成阶段后，天然气运移直接进入白云岩储层聚集成藏。

2. 储层岩石孔隙结构特征

中组合储层很少受到风化淋滤的作用，没有风化壳储层的渗流带和潜流带特征，缺少类似风化壳储层的大型溶蚀孔洞，储层岩石类型主要为细晶—粉晶白云岩、砂屑白云岩和豹斑白云岩，储集空间类型主要以晶间孔为主，其次为溶孔、微裂缝（图 8-3-1），平均孔隙度为 4.6%，平均渗透率为 0.431mD。局部有高孔渗储层，但多数储层表现为低孔低渗特征。

图 8-3-1　SD 井岩心照片及铸体薄片

如图 8-3-2 所示，以 SD 井马五$_5$为代表的中组合储层表现为明显的平台型，是典型的晶间孔特征，压汞曲线的形态更接近于碎屑岩，只是歪度细，排驱压力高，孔喉细小。所以中组合的晶间孔型孔隙类型和碎屑岩有可类比的地方，但由于碳酸盐岩渗流通道复杂，中组合在孔渗关系上又表现出风化壳的特征。所以，中组合的碳酸盐岩孔渗特征兼有碎屑岩和缝洞型白云岩的特征。

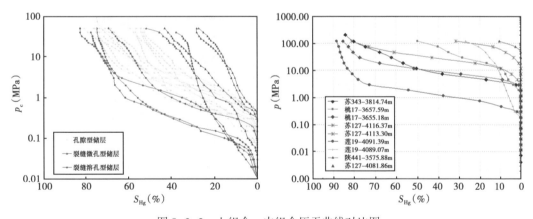

图 8-3-2　上组合、中组合压汞曲线对比图

3. 测井评价难点

（1）靖西地区奥陶系中组合储层的测井解释模式无法借鉴靖边气田的上组合储层。中组合马五$_5$为新的储层类型，取心资料显示，中组合马五$_5$储层溶蚀孔洞不发育，储层显示较致密，孔隙类型以晶间孔为主，兼有少许晶间溶孔，具有这种特征的上组合风化壳储层一般为中低产，而中组合马五$_5$试气能获得高产。以孔洞缝评价为核心的风化壳储层成像测井

解释模式并不适合于中组合。如何建立中组合的测井解释模式是储层评价面临的首要问题。

（2）靖西地区奥陶系中组合产能分级评价困难。靖西地区奥陶系中组合马五$_5$储层相对致密，储层的主要孔隙类型为晶间孔，但储层间同时发育不同程度的晶间溶孔和微裂缝，这些晶间溶孔和微裂缝的分布规律复杂，对产能的影响大，和单纯的晶间孔型储层相比，常规测井特征差异很小，基于电性特征的储层产能分级评价困难，在试气层位优选中，如何选出有较高产能潜力的优质储层，是测井解释面临的又一问题。

二、SD井——白云岩晶间孔型储层评价实例

SD井位于古隆起东侧，靖边气田西侧，储层为中组合马五$_5$白云岩储层，孔隙类型为晶间孔，局部井段发育晶间溶孔，非均质性强。

1. SD井马五$_5$储层成像测井解释模式

取心表明，SD井储层整体致密，整段储层层间非均质性强烈，孔隙类型主要为晶间孔，层间又发育不同程度的晶间溶孔。从成像测井看，主要以暗斑状和亮块状为主，且交替出现，表现了颗粒滩沉积过程中水体能量的变化规律。如图8-3-3所示，马五$_5$自下而上，随着水体能量逐步增强，颗粒滩开始生长，滩体下部是能量相对较低的细晶颗粒岩，为亮块状特征，滩体上部为杂乱暗斑状高能特征，有明显的旋回。每一个沉积旋回的厚度为1~3m。滩体的这种多期旋回特征，表明古隆起东坡马五$_5$是多期滩体叠加形成的复合滩体。

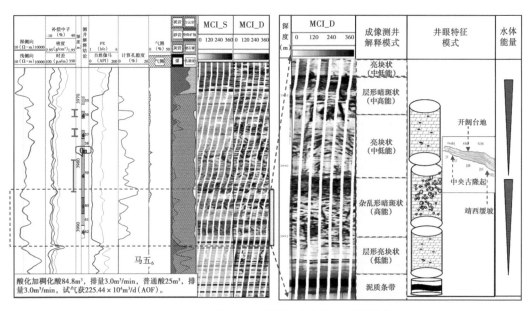

图8-3-3 SD井中组合颗粒滩成像测井解释模式

成像测井上，马五$_5$的暗斑状模式并不代表真实的溶蚀孔洞，而是高能沉积环境的一个标志，表示该颗粒滩储层具有较好的储集性能和渗流能力，高能环境下的颗粒滩体在后期的白云岩化过程中，更容易改造成储集性能和渗流能力都很好的优质储层。而亮块状模式代表的是相对低能的沉积环境，储层致密，储渗能力和渗流能力均较差。

SD井马五$_5$层间非均质性较强，高能、中高能与中低能滩体交替出现，成像测井滩相

解释模式能够准确确定这种旋回特征,划分优质储层。

2. SD 井马五$_5$储层有效性评价

成像测井解释模式为划分相对优质储层提供了基础,但这种定性解释无法满足产能分级评价的需求。利用成像测井孔隙度谱可以对储层产能进行分级评价。其主要应用孔隙度谱均值和变异系数的交会图技术。在孔隙度谱均值和变异系数的交会图上,可将其划分为四个区:Ⅰ区、Ⅱ区、Ⅲ区和Ⅳ区。

交会图点在Ⅰ区占优势,表明孔隙和裂缝均发育,孔洞缝的匹配好,孔洞缝之间的连通性好,有自然产能,酸化可获高产,产能大于 $10×10^4m^3$ 以上;交会图点在Ⅱ区占有优势,表明孔隙发育,但裂缝不发育或发育程度较弱,局部有微裂隙,该类储层具有较好的储集能力,连通性较好,酸化压裂主导产能,可获中等产能,产能介于 $4×10^4 \sim 10×10^4m^3$;交会图点在Ⅲ区占有优势,表明孔隙度小,孔隙类型主要为晶间孔,但储层裂缝发育,但连通性较好,酸化压裂主导产能,可获中低产能,产能介于 $1×10^4 \sim 4×10^4m^3$;交会图点大部分落在Ⅳ区,表明孔隙和裂缝均不发育,连通性较差,试气为低产或干层。

具体看 SD 井,从 SD 井的交会图上(图 8-3-4)可以看出,孔隙度谱均值和变异系数的交会点在Ⅰ区占有很大的优势,表明该储层孔隙和裂缝均发育,储集能力强,连通性好,试气获得高产,该井试气的日产量为 $225.44×10^4m^3$(图 8-3-5)。

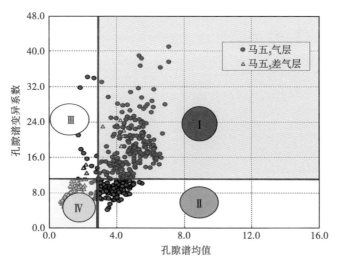

图 8-3-4 SD 井孔隙度谱产能预测成果图

3. 视地层水电阻率谱法识别流体性质

成像测井可以测量井周不同区域的电阻率,类似于孔隙度谱的计算,利用该电阻率和孔隙度可以推导出视地层水电阻率,从而绘制出井周电阻率谱,据此识别流体性质。气层和水层的视地层水电阻率谱特征不同,对于水层,视地层水电阻率谱分布范围小,频带窄,且其主峰向小的方向偏离;对于气层,则反之。

SD 井马五$_5$储层 3975 ~ 3982m 井段视地层水电阻率谱为宽谱特征且右移,为气层。3982 ~ 3986m 井段谱带变窄且左移,为气水层特征。3986 ~ 3992 井段谱形窄左移,为含气水层(图 8-3-6)。试采 167 天:累计产气 $7007.3×10^4m^3$、产水 $11155.0m^3$。

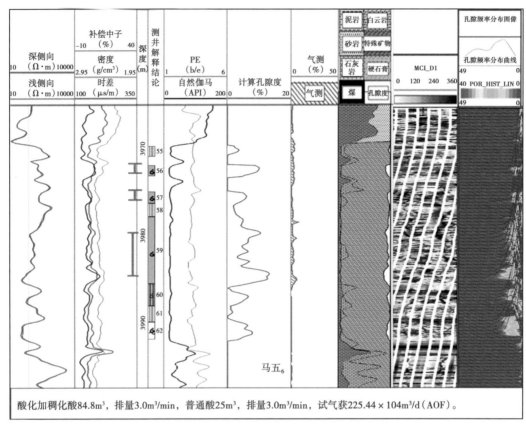

图 8-3-5　SD 井孔隙度谱产能预测成果图

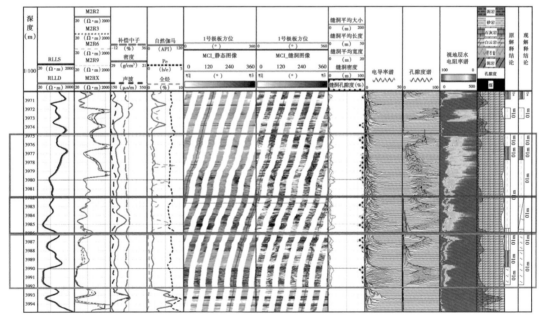

图 8-3-6　SD 井马五₅储层地层水电阻率谱气水综合判识成果图

三、TE井——裂缝—孔隙型储层评价

TE井位于伊陕斜坡北部，处于局部隆起翼部。该井区马家沟组存在两套较好的储层，分别为马五₄段、马五₅段白云岩。马五₅段为局部分布的浅水颗粒滩沉积。储层岩石类型主要为细晶—粉晶白云岩，储集空间类型主要以晶间孔为主，其次为溶孔，储层段裂缝和微裂缝发育，属于典型的裂缝—孔隙型储层。

1. 电成像测井相模式

TE井马五₅段储层结构以整段白云岩为主。该井马五₅全井段取心并对岩心进行了井周扫描，针对岩心和测井图像兼有良好反映的典型层段进行岩心刻度测井（图8-3-7），厘定了该类储层的典型的成像测井相模式。

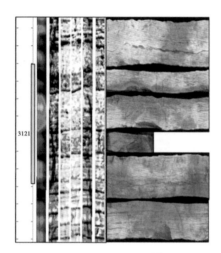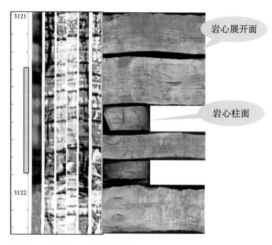

图 8-3-7　T33井马五₅段岩心成像图版

（1）斑状模式。图像上主要以暗色斑状为主，分杂乱暗斑状和层形暗斑状两种形态（图8-3-8）。从岩心来看，该段为深灰色含气细粉晶云岩，水平缝，垂直缝，斜交缝发育，部分岩心有缝合线。沉积微相为生屑滩。该类储层物性较好，试气可获得较高产能，日产气量在$10×10^4 m^3$以上。

（2）块状—斑状模式。图像上主要以块状为主，兼有斑点（图8-3-9）。岩石为深灰色含气细粉晶云岩，岩性较均一，裂缝不发育，岩心上可看到水平层理，结构致密。岩心观察显示第85、第86块岩心共发育2条水平裂缝，被泥质和方解石半—全填充。该模式和单纯的块状模式有区别，是在基质块状模式的基础上，嵌有斑状模式，表现为一定的渗透性。该模式代表的水体能量低于斑状模式，而又高于单纯的块状模式，属于滩间云岩。成像测井为块状—斑状模式。

（3）块状—线状模式。该类储层的孔隙类型主要是白云岩晶间孔，图像上以亮块状模式为主（图8-3-10），在块状模式的基础上发育有线状模式，线状模式代表高角度构造裂缝，但裂缝的密度较低。岩石为深灰色含气细粉晶云岩，成分中白云石约占90%，方解石约占5%，泥质及其他矿物约占5%，细粉晶结构，瓷状断口，岩性致密、坚硬。沉积微相为滩间云岩。

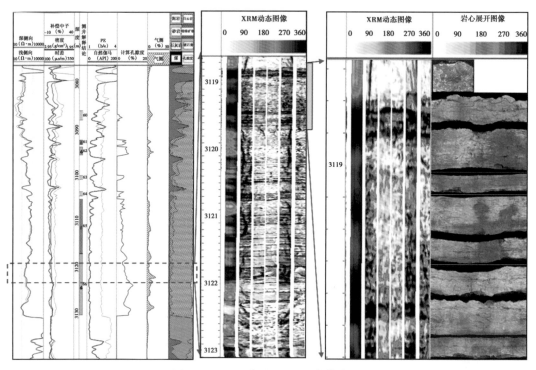

图 8-3-8　TE 井马五$_5$ 段斑状模式图

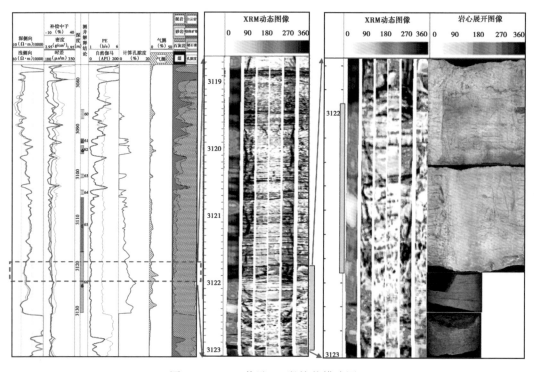

图 8-3-9　TE 井马五$_5$ 段块状模式图

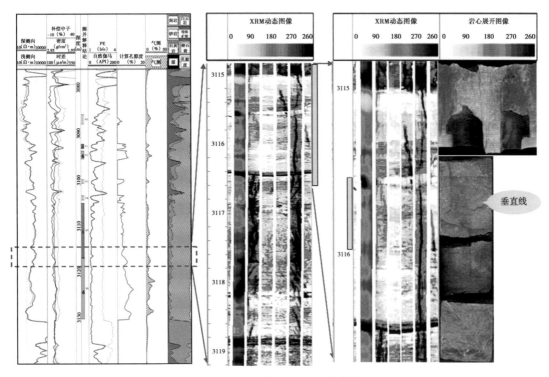

图 8-3-10 TE 井马五$_5$ 段块状模式图

TE 井的上述成像模式在整段白云岩化储层和中上段白云岩化储层中十分常见，代表了该类储层几种最主要的成像测井相模式，具有典型意义。

2. 储层有效性评价与产能级别预测

成像测井相模式与储层优劣密切相关。对于鄂尔多斯盆地马家沟组中组合马五$_5$ 而言，优质储层的相模式为斑状相，其次为层状相、线状相，最差为块状相、马五$_5$ 高产储层的相组合是"斑状相+层状相"（图 8-3-11）。从成像测井相模式可知，TE 井优势相模式主要为斑状模式。储层段主要为层型暗斑状模式，属于高能白云岩颗粒滩体，储层物性好。

从孔隙度谱特征来看（图 8-3-12），储层段的孔隙度谱的谱峰幅度高，展布范围宽，表明该类储层的储集性能和渗透能力都很好。交会数据点在Ⅰ区占优势，表明孔隙和裂缝均发育，连通性好，有自然产能，酸化可获高产，如图 8-3-13 所示。评价 TE 井白云岩储层为一类气层，预测产能大于 $10×10^4 m^3$ 以上。

3. 流体性质识别

利用视地层水电阻率谱对 TE 井流体性质进行评价。3105～3130m 储层段视地层水电阻率谱为宽谱特征且右移，无含水特征。

4. 解释评价

综合利用孔隙图像特征、孔隙度谱特征以及视地层水电阻率谱对 TE 井储层进行综合评价，本段储层有较好的储集能力和渗流能力，且不含水。经酸化后，该井试气获得 $31.56×10^4 m^3$ 的工业气流。

优势相	相模式	成像特征		井眼特征
I（优）	斑状	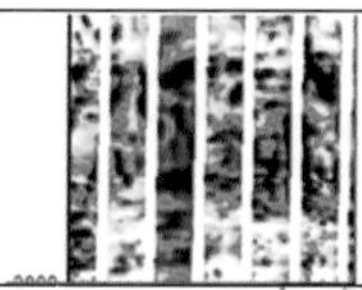 苏345井，3981.7m，粗粉晶白云岩		 晶间孔及溶孔发育
II（次优）	层状	桃19井，3691.0m，粉晶白云岩 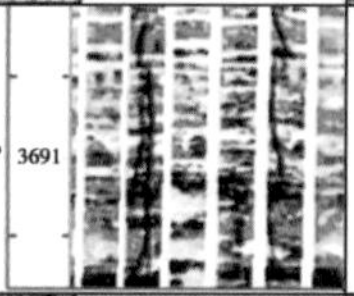		晶间孔发育 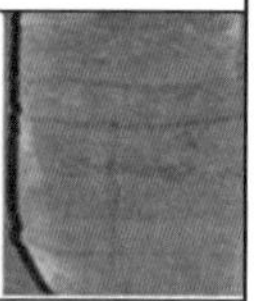
III（一般）	线状	 陕367井，3865.9m		 裂缝发育
IV（差）	块状	桃45井，3668.8m，粉晶白云岩，致密 		晶间孔 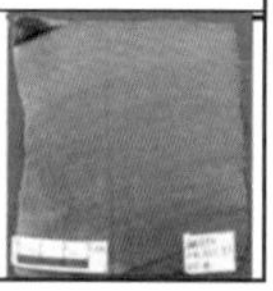

图 8-3-11　鄂尔多斯盆地中组合优势相模式排序图

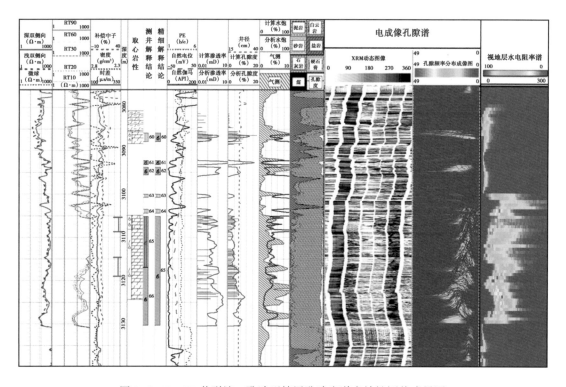

图 8-3-12　TE 井裂缝—孔隙型储层孔隙度谱有效性评价成果图

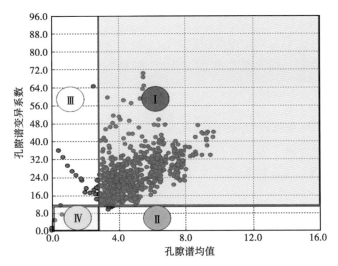

图 8-3-13　TE 井裂缝—孔隙型储层孔隙度谱均值与变异系数交会图

第四节　渤海湾盆地牛东潜山孔隙—裂缝型储层

牛东潜山位于渤海湾盆地冀中坳陷霸县凹陷洼槽靠陡侧—牛东断层下降盘。2011 年完钻的 NA 井获得高产油气流，随后钻探了 NB 井、NC 井、ND 井，其中 ND101 井获得了高产油气流，从而发现了渤海湾盆地乃至中国东部目前最深的潜山油气藏。

一、油气藏特征

牛东潜山构造带地层为元古宇蓟县系雾迷山组，岩性为巨厚的浅灰色、灰色白云岩夹浅灰色、灰色硅质白云岩。

根据 NA 井岩石薄片资料分析可知，雾迷山组碳酸盐岩储层岩石类型主要为泥晶云岩、粉晶云岩、泥晶—粉晶（藻）云岩和亮晶粒屑云岩等。矿物组分中白云石含量很高，多在95% 以上，少量为硅质和泥质，含量多小于 5%。硅质多存在于晶间孔、溶蚀孔洞和微裂缝等储集空间内。

NA 井潜山雾迷山组中裂缝、溶蚀孔洞、洞穴较发育，裂缝成组出现，主要为高角度未充填缝。在雾迷山组 5639~6018m 井段，共计漏失钻井液 138.68m³，漏速 2.5~22m³/h，全井共漏失钻井液 165.68m³。5685~5725m 井段，中上部发育洞穴系统，中间为一大型洞穴，上、下部裂缝均发育。岩石薄片鉴定在 5728m 和 5738m 处见半充填构造缝。这些现象均说明该区雾迷山组储层孔洞、裂缝较发育，储集空间主要为裂缝和孔隙，储层类型为孔隙—裂缝型，具有孔隙、裂缝双重介质特征。

常规物性分析储层基质孔隙度一般在 2.1%~10.2%，平均孔隙度为 5.1%，大多小于10%，表现为低孔隙度；渗透率一般在 0.2~31.8mD，平均为 5.47mD，主要分布在 0.01~10mD，基质渗透率整体表现为低渗透率。

根据 NA 井实际分析资料，油密度为 0.7744~0.7792g/cm³，黏度为 1.11~4.14mPa·s，凝固点在 14.5~25 ℃，含硫 0.02%~0.06%，含蜡量在 11.39%~17.13%，沥青质+胶质含

量为 1.53%~1.73%。平均二氧化碳含量为 3.63%，氮气含量为 1.15%，甲烷含量为 81.16%，乙烷含量为 6.73%，丙烷含量为 2.26%，异丁烷含量为 0.72%，正丁烷含量为 0.69%，异戊烷含量为 0.35%，正戊烷含量为 0.26%，己烷以上含量为 0.35%，平均天然气相对密度为 $0.7138 g/cm^3$，临界温度为 214.70K，临界压力为 4.777MPa。NA 井测试，日产天然气 $56.2558×10^4 m^3$，日产油 $642.91 m^3$，生产气油比 $875 m^3/m^3$，根据气分析资料，采用多方法判别气藏类型为不带油环的潜山凝析气藏。

NA 井潜山测试，气藏中部深度 5835.2m，地层压力为 57.60MPa，压力系数为 1.01，地层温度温度梯度为 2.79℃/100m，为正常压力和温度系统。

地质综合评价结果：NA 井潜山为高丰度、高产能、超深层、大规模、特高含凝析油气藏。

二、测井综合评价

1. 测井资料质量评价

牛东潜山构造带 NA 井测时井深 5938m，井眼尺寸较小（钻头直径 5.8in），井底温度较高（达到 183℃以上）。为了实现测井资料的快速、高效、高质量采集，达到准确评价储层和流体性质的目的，通过测井采集系列优选，采用 LogIQ 高温小井眼测井装备，配套万米绞车，集成双系统（在 ECLIPS-5700 地面系统中增加了 LogIQ 地面系统，形成了双系列采集系统，通过深度系统匹配，方便快速切换）实现了 NA 井深潜山测井资料快速、高效采集。在随后的 NB 井、NC 井中也成功进行了资料采集，并且通过资料质量的对比分析，资料质量均合格。优化形成了深潜山碳酸盐岩测井采集技术系列，即 LogIQ 测井系列（自然伽马、双井径、双侧向、岩性密度、补偿中子、数字声波、连斜方位）与斯伦贝谢公司 MAX 井 500 测井系列［微电阻率成像（FMI）、偶极横波成像（DSI）］相结合。测井项目齐全、曲线质量满足测井精细解释评价要求。表 8-4-1 为牛东潜山测井项目统计表。

表 8-4-1 牛东潜山测井项目统计表

井号	测井系列	测井项目	测时井深（m）	曲线质量
NA	LogIQ	自然伽马、双井径、双侧向、岩性密度、补偿中子、数字声波、连斜方位	5938.0	优秀
	MAX-500	微电阻率成像、偶极横波成像	5938.0	优秀
NB	LogIQ	自然伽马、双井径、双侧向、岩性密度、补偿中子、数字声波、连斜方位	6100.0	优秀
	MAX-500	微电阻率成像、偶极横波成像	6100.0	优秀
NC	LogIQ	自然伽马、双井径、双侧向、岩性密度、补偿中子、数字声波、连斜方位	6377.0	优秀
	MAX-500	微电阻率成像、偶极横波成像	6377.0	优秀

2. 储层有效性评价

牛东潜山蓟县系雾迷山组白云岩储层具有孔隙、裂缝双重介质特征，通过室内实验、常规测井资料处理解释以及电成像测井资料处理解释，对储层有效性进行了精细的划分。

1) 储层孔隙结构特征

选取 NB 井雾迷山组白云岩储层 2 块岩样，进行了室内核磁共振实验。图 8-4-1 为 NB 井两块样品对应的 T_2 谱分布图。从图中可以看出，饱和水后两块样品的孔隙分量均呈现双峰特征，并且右峰包络面积明显大于左峰包络面积，说明 NB 井储层可动孔隙较大而束缚孔隙较小，储层孔隙结构及储层有效性比较好。

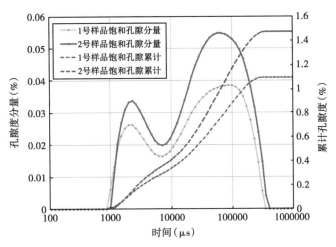

图 8-4-1　NB 井核磁共振实验 T_2 谱分布图

2) 常规测井资料评价

依据常规测井资料可以对牛东潜山白云岩储层的有效性进行评价，评价步骤和方法如下：首先依据自然伽马等测井曲线对储层岩性进行划分，当自然伽马值小于 20API 时认为储层岩性以白云岩为主、泥质含量较低，当自然伽马值大于 20API 时认为储层泥质含量较高，为无效储层；其次采用声波时差、补偿中子、补偿密度三条孔隙度曲线交会，准确求取白云岩储层的有效孔隙度；然后依据孔隙度和深侧向电阻率曲线对有效储层进行分类。图 8-4-2 为牛东潜山白云岩储层有效性划分图版，当储层孔隙度大于 6%、深侧向电阻率小于 2000Ω·m 时为Ⅰ类储层（具有较高自然产能的储层）；当储层孔隙度 3%~6%、深侧向电阻率 2000~5000Ω·m 时为Ⅱ类储层（常规试油低产但是压裂后能够达到工业油流的储层）；当储层孔隙度小于 3%、深侧向电阻率大于 5000Ω·m 时为Ⅲ类储层（压裂以后低产或干层）。

3) 电成像测井资料评价

依据第三章第二节中电成像孔隙度谱特征提取方法，采用牛东潜山电成像测井资料，应用阿尔奇公式转换，得到反映储层原生/次生孔隙的孔隙度图谱特征，电成像测井的孔隙度图谱特征与 T_2 谱特征相类似，Ⅰ类储层孔隙度图谱特征表现为展布较宽、谱峰向右偏、右边峰高，反映次生孔隙发育，为裂缝型储层；Ⅱ类储层孔隙度图谱特征表现为左边峰明显、右边峰次之，反映有原生孔隙和一定的次生孔隙，为裂缝—孔隙型储层；Ⅲ类储层孔隙度图谱特征：展布较窄、右边峰不明显，反映主要为原生孔隙，为孔隙型储层。图 8-4-3 为 NA 井不同级别储层电成像测井孔隙度谱特征。

通过岩心观察、电阻率扫描成像测井资料对常规测井测井资料进行刻度，采用储层的孔

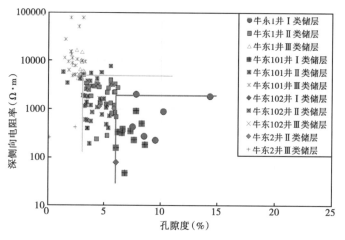

图 8-4-2　牛东潜山白云岩储层有效性划分图版

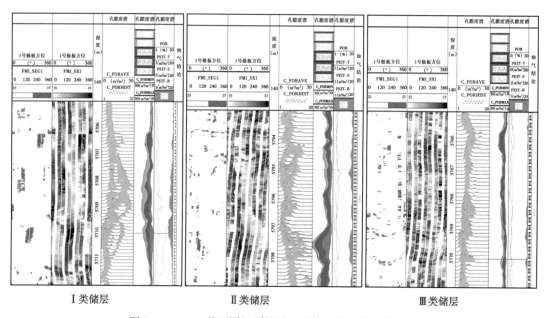

图 8-4-3　NA 井不同级别储层电成像测井孔隙度谱特征

隙度和视裂缝孔隙度参数，能够识别 3 种不同的储集空间类型。当储层孔隙度较小而裂缝孔隙度较大时，对应的储集空间类型为裂缝型；当储层孔隙度较大并且裂缝孔隙度也较大时对应的储集层为孔隙-裂缝型；当储层孔隙度中等但是裂缝孔隙度较低时对应的储层为孔隙型。图 8-4-4 是依据已经试油的 C3、NG8、H8、H16、WG4 等井潜山碳酸盐岩储层的孔隙度和视裂缝孔隙度参数而确定，可以看出 WG4 井孔隙型储层试油为低产油层，H16 井、NG8 井、C3 井孔隙—裂缝型储层试油日产油 39～518t，H8 井裂缝型储层试油日产油 70t。根据 NA 井和 NB 井储层数据点在图中所处的位置，可以判断其储层类型为孔隙—裂缝型，并且试油有望获得高产油气流。

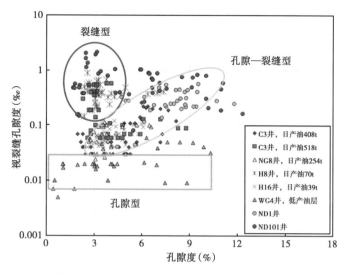

图 8-4-4　牛东潜山碳酸盐岩储层类型划分图版

3. 流体性质识别

对于具有孔隙、裂缝双重介质特征的碳酸盐岩储层流体性质的判断存在一定难度，在借鉴塔里木盆地哈拉哈塘区块、四川盆地磨溪—高石梯地区碳酸盐岩储层流体性质评价方法的基础上，展示了在牛东潜山比较有效的 3 种储层流体性质识别方法。

1) 正态分布法识别油水界面

该方法是根据纯水层的阿尔奇公式 $F = R_0/R_w = a/\phi^m$，先计算出地层水视电阻率 $R_{wa} = R_0/\phi^m$（设 $a=1$），再用 R_{wa} 的变化规律来指示储层的含流体性质。具体做法是对视地层水电阻率开方，并命名为 $P^{1/2}$，即 $P^{1/2} = (R_t\phi^m)^{1/2}$。在同一层内各测量点计算的 $P^{1/2}$ 结果应满足正态分布规律。

在一张 $P^{1/2}$ 的频率图，μ 为 $P^{1/2}$ 的中值，代表出现次数最多的 $P^{1/2}$ 值；σ 为正态分布曲线的标准离差，表示测量点落在 $(\mu-\sigma)$ 和 $(\mu+\sigma)$ 范围内的概率是 68.3%，它反映了正态曲线的胖瘦程度，但由于正态曲线的胖瘦程度是一个相对概念，难于对流体性质做出准确判别，为此，将 $P^{1/2}$ 的累计频率点在一张特殊的正态概率纸上，其纵坐标为 $P^{1/2}$，横坐标为累计频率，并按一定方法进行刻度。这样就将一条正态概率曲线变成了一条近似的直线，根据累计频率曲线斜率的变化就可以对储层所含流体性质做出判断，即水层斜率小，油气层斜率大。

如图 8-4-5 所示，NB 井 5900~5930m 井段 $P^{1/2}$ 斜率较大，为油气层特征；6080m 以下 $P^{1/2}$ 斜率较小，为水层特征。NB 井生产井段 5584~5930m，生产初期油单 6mm 自喷，日产油 44.43t，日产气 $10.46\times10^4\mathrm{m}^3$，日产水 $1.37\mathrm{m}^3$，目前含水在 3%。正态分布法流体识别结论与生产实际结论一致。

2) 弹性参数气层识别

依据第四章第三节弹性参数气层识别方法，采用 NB 井阵列声波测井资料，提取纵波速度和横波速度，利用纵横波速度比判别流体性质。根据 NB 井阵列声波测井提取的纵横波时差以及计算的纵横波比值、泊松比、体积模量等曲线进行重叠，可以指示地层有含气特征。图 8-4-6 中涂阴影的 5 段地层明显具有含气特征，其纵波时差增大、纵横波速度比减小、

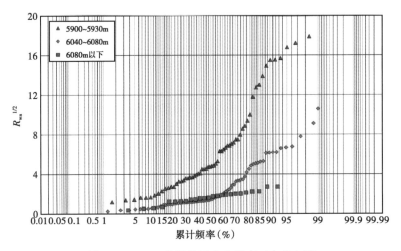

图 8-4-5　NB 井视地层水电阻率正态分布图

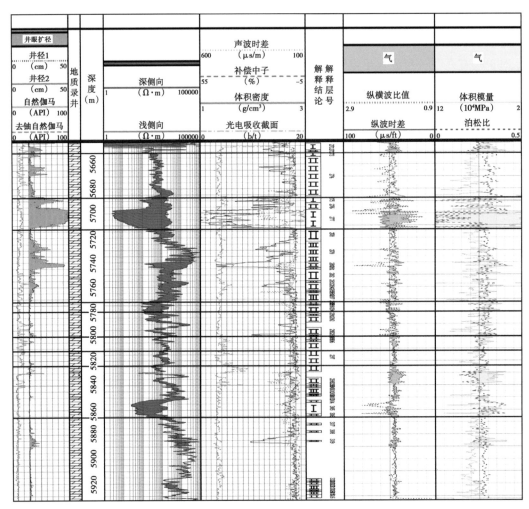

图 8-4-6　NB 井阵列声波成果参数气层识别图

体积模量增大、泊松比减小。用纵波时差与纵横比交会图，对有一定量气体产出的地层，应用效果较好。

3) 含油饱和度计算

碳酸盐岩地层的裂缝发育段由于钻井液的侵入对测井仪器的影响会造成电阻率异常，裂缝越发育影响越大，特别是在有油气的层段，电阻率降低会对测井解释造成干扰。故有必要对裂缝发育层段的电阻率进行校正。

根据第五章第四节中岩心破缝前后电阻率实验可知，岩心破缝后电阻率 R_f 与未破缝时的电阻率 R_0 的比值与裂缝宽度 w（mm）之间存在以下关系：

$$R_f/R_0 = 0.4523e^{-3.5267w} \qquad (8-4-1)$$

因此通过电成像测井和常规测井资料选取电阻率仅受裂缝影响的层段，读取裂缝处电阻率 R_f 和围岩的电阻率 R_0，将其对数之差与利用双侧向电阻率计算得出的裂缝孔隙度 ϕ_f 做交会，并拟合得到关系式，用以校正裂缝电阻率（图8-4-7）。

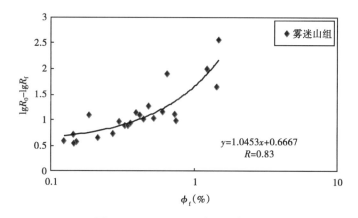

图 8-4-7　$\lg R_0 - \lg R_f$ 与 ϕ_f 关系图

$\lg R_0 - \lg R_f$ 与裂缝孔隙度的关系式为：

$$\lg R_0 - \lg R_f = 1.0453\phi_f + 0.6667 \qquad (8-4-2)$$

式中，ϕ_f 为裂缝孔隙度。

可以将式（8-4-2）用于牛东潜山白云岩储层来校正电阻率值。

图8-4-8NA井电阻率校正前后饱和度计算结果对比。根据计算的含油饱和度可以看出，NA井5950m以上含油饱和度为55%~70%，达到了油层标准，其中有效储层段均解释为油气层。

三、应用效果分析

应用上述解释评价技术，对牛东潜山的ND1、NB等重点井进行了解释评价，其储层参数计算、储层评价结论、流体性质识别等结果为生产实施和石油地质储量上交提供了技术依据。

NA井5640~5770m井段，自然伽马值较低，反映储层岩性以白云岩为主，泥质含量较

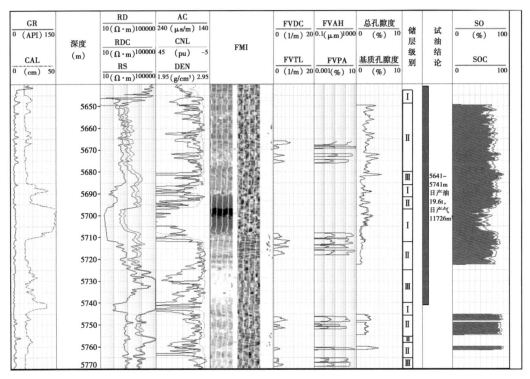

图8-4-8　NA井测井综合解释成果图

低；井径扩径明显，深侧向电阻率为200~4000Ω·m，声波时差增大、补偿中子增大、补偿密度减小，反映储层基质孔隙度较高；电阻率扫描成像测井微裂缝发育，计算的基质孔隙度大于4%、裂缝密度大于4条/m、视裂缝孔隙度为0.1%，划分以Ⅰ类和Ⅱ类储层为主，计算的含油饱和度大于60%，流体性质判别为油气层。图8-4-8为NA井测井综合解释成果图。

NA井在2011年9月30日投产初期日产油49.2t，初期日产气$10.2×10^4m^3$。2014年7月5日，油单7mm自喷，日产油4.31t、日产气$10994m^3$、日产水$103.39m^3$，累计产油$24705m^3$，累计产气$0.6358×10^8m^3$。

参 考 文 献

贾承造．1995．盆地构造演化与区域构造地质．北京：石油工业出版社．

顾家裕，张兴阳，罗平，等．2005．塔里木盆地奥陶系台地边缘生物礁、滩发育特征．石油与天然气地质，26（3）：277-283．

肖承文，朱筱敏，海川，等．2008．礁滩储集层的测井描述——以塔中1号坡折带为例．新疆石油地质，29（2）：163-165.

陈景山，王振宇，代宗仰，等．1999．塔中地区中上奥陶统台地镶边体系分析．古地理学报，1（2）：8-17.

周 ，王招明，杨海军，等．2006．中国海相油气田勘探实例之五 塔中奥陶系大型凝析气田的勘探和发现．海相油气地质，11（1）：45-51.

任兴国，罗利，姚声贤，等．2000．川东地区生物礁测井预测方法研究．石油勘探与开发，27（1）：41-43.

范嘉松，张维．1985．生物礁的基本概念、分类及识别特征．岩石学报，1（3）：46-59．

贾文玉．2000．成像测井技术与应用．北京：石油工业出版社．

李潮流，周灿灿．2008．利用微电阻率扫描成像测井计算岩性剖面．测井技术，32（1）：45-48．

刘红歧，陈平，夏宏泉．2006．测井沉积微相自动识别与应用．测井技术，30（3）：233-236．

刘延莉，樊太亮，薛艳梅，等．2006．塔里木盆地塔中地区中、上奥陶统生物礁滩特征及储集体预测．石油勘探与开发，33（5）：562-565．

乔德新．2005．成像测井资料定量计算方法研究及软件开发．北京：中国地质大学（北京）．

孙卫涛，陶果，杨慧珠，等．2003．基于多尺度分析的正交偶极子声波测井反演地层各向异．石油大学学报（自然科学版），27（1）：23-28．

王振宇，严威，张云峰，等．2007．塔中16-44井区上奥陶统台缘礁滩体沉积特征．新疆石油地质，28（6）：681-683．

王芳，温志峰，钟建华，等．2005．柴达木盆地西部生物礁的识别与测井解释．测井技术，29（2）：133-136．

卫平生，刘全新，张景廉，等．2006．再论生物礁与大油气田的关系．石油学报，27（2）：38-42．

雍世和，陈钢花，白康生．1987．测井曲线自动分层．测井技术，11（6）：44-47．

赵澄林，朱筱敏．2001．沉积岩石学（第三版）．北京：石油工业出版社．

Chai H, Li N, Xiao C, et al. 2009. Automatic discrimination of sedimentary facies and lithologies in reef-bank reservoirs using borehole image logs. Applied Geophysics, 6（1）：17-29.

Tao G, Cheng C H, Toksoz M N. 1999. Measurements of Azimuthal Anistropy with Crossdipole Logs. Acta Geophysical sinaica, 42（1）：129-139.

Theodoridis S, Koutroumbas K. 2006. Pattern recognition. Salt Lake City：Academic Press.

Tilke P G, Allen D. 2004. Automated borehole geology and petrophysics interpretation using image logs.

Trice R. 1999. Application of borehole image logs in constructing 3D static models of productive fracture networks in the Apulian Platform, Southern Apennines. Geological Society Special Publications, 159：155-176.

Wang X. 2005. Stereological interpretation of rock fracture traces on borehole walls and other cylindrical surfaces.

Williams J H, Johnson C D. 2004. Acoustic and optical borehole-wall imaging for fractured-rock aquifer studies. Journal of Applied Geophysics, 55（1-2）：151-159.

Wu H. Pollard D D. 2002. Imaging 3-D Fracture Networks around Boreholes. AAPG Bulletin, 86（4）：593-604.

Dunham R J. 1962. Classification of carbonate rocks according to depositional texture. Memoir - American Association of Petroleum Geologists, 108-121.

Linek M, Jungmann M, Berlage T, et al. 2007. Rock classification based on resistivity patterns in electrical borehole wall images. Journal of Geophysics and Engineering, 4 (2): 171-183.

Linek M, 2003. Interpretation of FMS image data referring to pore space analysis of Continental Flood Basalts, an example of ODP hole 917A, East Greenland Margin. Tectonophysics, 426 (1-2): 207-220.

Goodall I, Lofts J, Mulcahy M, et al. 1999. A sedimentological application of ultrasonic borehole images in complex lithologies; the lower Kimmeridge Clay Formation, Magnus Field, UKCS. Geological Society Special Publications, 159: 203-225.

Gonzalez R C. Woods, R. E., Eddins, S L. 2004. Digital Image Processing Using MATLAB: using Matlab. New Jersey: Pearson Prentice Hall.

Bum C S, Hwanjo B. 2004, Grain boundary detection using computer-assisted image processing. Abstracts with Programs-Geological Society of America, 36 (5): 280.

Ameen M S, Hailwood E A. 2008. A new technology for the characterization of microfractured reservoirs (test case: Unayzah reservoir, Wudayhi field, Saudi Arabia). AAPG Bulletin, 92 (1): 31-52.

Microscanner data. Proceedings of the Ocean Drilling Program, Scientific Results, 160: 527-534.

Ozkaya S I, Mattner J. 2003. Fracture connectivity from fracture intersections in borehole image logs. Computers & Geosciences, 29 (2): 143-153.

Anselmetti F S, Luthi S M, Eberli G P. 1998. Quantitative characterization of carbonate pore systems by digital image analysis [J]. AAPG Bulletin AAPG Bulletin, 82 (10): 1815-1836.

Bissell H J, Chilingar G V. 1967. Classification of sedimentary carbonate rocks. Develop. Sedimentol, 9A: 87-168.

Pan S, Hsieh B, Lu M, et al. 2008. Identification of stratigraphic formation interfaces using wavelet and Fourier transforms. Computers & Geosciences, 34 (1): 77-92.

Grace L M, Newberry B W, Harper J H. 1999. Fault visualization from borehole images for sidetrack optimization. Geological Society Special Publications, 159: 271-281.

Pavlovic M D, Markovic M. 2003. A new approach for interpreting lithofacies and sequence stratigraphy using borehole image data in wells drilled with non-conductive mud systems. Annual Meeting Expanded Abstracts – American Association of Petroleum Geologists, 12: 134-140.

Jurado-Rodriguez M. J, Brudy M. 1998. Present-day stress indicators from a segment of the African-Eurasian plate boundary in the eastern Mediterranean Sea; results of Formation.

Maiti S, Tiwari R K. 2005. Automatic detection of lithologic boundaries using the Walsh transform; a case study from the KTB borehole. Computers & Geosciences, 31 (8): 949-955.

Mancini E A, Llinas J C, Scott R W, et al. 2005. Potential reef-reservoir facies; Lower Cretaceous deep-water thrombolites, onshore central Gulf of Mexico. Transactions-Gulf Coast Association of Geological Societies, 55: 505-515.

Marmo R, Amodio S, Tagliaferri R, et al. 2005. Textural identification of carbonate rocks by image processing and neural network; Methodology proposal and examples. Computers & Geosciences, 31 (5): 649-659.

Paulsen T S, Jarrard R D, Wilson T J. 2002. A simple method for orienting drill core by correlating features in whole-core scans and oriented borehole-wall imagery. Journal of Structural Geology, 24 (8): 1233-1238.

Payenberg T H, Lang S C, Koch R. 2000. A Simple Method for Orienting Conventional Core Using Microresistivity (FMS) Images and a Mechanical Goniometer to Measure Directional Structures on Cores. Journal of Sedimentary Research Journal of Sedimentary Research, 70 (2): 419-422.